室内设计师.57
INTERIOR DESIGNER

图书在版编目(CIP)数据

室内设计师. 57，创意办公 /《室内设计师》编委会编. — 北京：中国建筑工业出版社，2016. 3
ISBN 978-7-112-19249-6

Ⅰ. ①室… Ⅱ. ①室… Ⅲ. ①室内建筑设计 - 丛刊②办公室 – 室内建筑设计 Ⅳ. ① TU238-55 ② TU243

中国版本图书馆 CIP 数据核字 (2016) 第 059079 号

室内设计师 57
创意办公
《室内设计师》编委会 编
电子邮箱：ider2006@qq.com
网 址：http://www.abbs.com.cn/

中国建筑工业出版社出版、发行（北京西郊百万庄）
各地新华书店、建筑书店 经销
上海雅昌艺术印刷有限公司 制版、印刷

开本：965 × 1270 毫米 1/16 印张：11½ 字数：460 千字
2016 年 04 月第一版 2016 年 04 月第一次印刷
定价：40.00 元
ISBN 978 -7 -112 -19249-6
（28520）

目录

CONTENTS

包豪斯之魂

撰　文　|　王受之

2015年10月下旬,德国已经有点冷了。我从法兰克福开车去柏林，穿越了中部那些高丘农田，冬小麦田上已经覆上一层薄薄的初雪。我停在途中的加油站喝咖啡、买《纽约时报（国际版）》，走出加油站，踏着松软的麦田看看农舍，脚下的雪嘎吱嘎吱作响。德国的冬天来得这么早!

这天是去前民主德国的德绍，原来包豪斯的旧址上是一所德国统一后建立的综合性大学——安哈特应用技术大学（The Anhalt University of Applied Sciences），该大学有三个校区，都离开不远，另外两个在贝恩堡与科滕。

德国人管应用技术大学为“Hochschule ”，相当于西方的“university”，这一类的大学中应用性的比例高，而纯粹的技术学校、高级技术学校则叫做“Fachschule”，还有一类专门培养艺术家的academia，名称上类似西方的academy，但是不授予学位，是师傅带徒弟的传统方式，如果得到导师的满意以及委员会的批准,毕业后有少部分人可以获得“艺术家”的称号。国家会给艺术家种种津贴。

在德国众多的“Hochschule”大学里面，安哈尔特应用技术大学是1990年两德统一之后才建立的，按学校的资历以及所处的位置——经济、文化比较落后的民主德国，自然不可能是什么重要的大学。我之所以一而再地去考察，并且，全世界的艺术与设计界人士也都前赴后继地去“朝圣”，因为这里是曾经只有150个学生、12个老师的设计学院“包豪斯”的所在地。

当年院长、奠基人、建筑师沃尔特·格罗皮乌斯（1883－1969）设计的校舍、四栋教育宿舍，是全世界最早的现代建筑物。就凭这段历史、这些建筑，不知道每年有多少人远涉重洋、驱车千里来这里“朝拜”。两德统一之后，在此成立了独立的包豪斯基金会，托管这些位于安哈尔特应用技术大学校园中的包豪斯建筑物，也负责运作包豪斯博物馆、四栋宿舍放入展览以及保护相关的包豪斯历史作品。

民主德国和联邦德国的差异，好似两个国家。我第一次来德国，是在1993年的11月。当时因为协助我工作的美国大学院长来这里面试申请富布莱特奖学金的德国学者，面试地点在联邦德国。我抽空去了东南部的德累斯顿和德绍,那时候两德统一不久,民主德国破败凋零。德累斯顿、德绍好像1970年代的中国大院一样，连人的态度也差不多。那是我第一次来看包豪斯。从车站走进学校,一条叫做“包豪斯路”(Bauhaustrass)的小路穿过大楼，就在格罗皮乌斯设计的那座跨路的桥型办公室部分穿过，我去的时候包豪斯大楼已经开始整治了，部分是作为职业学校使用，部分已经初步整理出来供人参观了。

穿出包豪斯楼，就是一条叫做“格罗皮乌斯小径”（Gropiusalle）的路，两边都是住宅公寓，四五层，民主德国时代建造的，

第二次世界大战中，格罗皮乌斯亲自设计的包豪斯的教授宿舍遭到严重损毁，这是格罗皮乌斯住宅1957年的景象

格罗皮乌斯住宅现已基本按原设计修复，并已开放供来访者参观

刻板呆板、毫无特色，但是行道树却长得很高大，走十分钟左右，是一个十字路口，左边一条路叫做"阿尔伯小径"（Erbertallee），交叉路口就是密斯·凡·德·罗（Ludwig Mies van der Rohe）1930 年设计的宿舍围墙，顺着阿尔伯小径走几步，路边一个茂密高大的松林里，一字排开几栋白色小楼就是格罗皮乌斯和其他六个教员的宿舍。原来应该是四栋，其中两栋在战时被毁坏，我记得好像是 1945 年被炸毁了一半。我去的时候是 1993 年，那里还没有修整，长满了杂草，仅存的两栋还住着人。比较大的那一栋是格罗皮乌斯的独栋宿舍。我记得在图片上看是很壮观的一栋现代主义的住宅。但是我去看的时候却面目全非，那户人家不但胡乱改造那栋楼，并且在上面加了斜屋顶，一塌糊涂，搞得我颇为失望。

那一次探访是我第一次去，人生地不熟，找人问路居然找不到能讲英语的。城市景色寥落，满地金黄落叶、凄风苦雨，内心颇有一些悲悲切切。

格罗皮乌斯是从 1925 年着手设计包豪斯新校舍和宿舍建筑，学校是综合性建筑群，其中包括了教学空间——教室、工作室、工场、办公室以及拥有 28 个房间的宿舍、食堂、剧院（礼堂）、体育馆等设施，还有一个屋顶花园。格罗皮乌斯采用了非常单纯的形式和现代化的材料及加工方法，以高度强调功能的原则来从事设计。建筑高低错落，采用非对称结构，全部采用预制件拼装，工场部分是玻璃幕墙结构，整个建筑没有任何装饰，每个功能部分之间以天桥联系，体现了现代主义设计在当时的最高成就。

这个建筑本身在结构上是一个试验品，总体结构是加固钢筋混凝土，地板部分是以预制板铺设在架空的钢筋网上的。平顶式的屋顶采用了一种新的涂料来防漏（可惜不太成功，后来到了下雨时，都常会有漏雨的情况）。建筑内部的设计，包括室内设计、家具设计、用品设计等等，也都体现出与建筑本身同样的设计原则——整个建筑群成为 1920 年代现代主义设计的杰作。

宿舍建筑则迟一年才建成，格罗皮乌斯在德绍时期设计和建造了四栋教员宿舍，在战争中被炸毁了两栋，分别是格罗皮乌斯自己住的那一栋和莫霍利·纳吉（Moholy-Nagy）住的那一栋，这四栋是现代建筑史中具有标志性的建筑物，因此我一直很关心这四栋宿舍的改造、修复情况。这个四栋宿舍的赞助方是在德绍的容克斯飞机公司（Hugo Junkers），宿舍则被称为"大师住宅"。

包豪斯大楼、四栋宿舍的设计除了功能目的之外，其实也是格罗皮乌斯的现代主义的宣言。纯粹、简洁、达到极限水平的审美水平，无论是建筑本身，还是建筑的构件——把手、门窗、暖气片、灯具、开关、架子、椅子、厨房、洗衣设备等等，都是统一的风格。这四栋宿舍一字排开，排列的方式也展示了包豪斯的理性、次序与先后的精神。六个老师各住半栋，用现

修复后的格罗皮乌斯住宅正立面

在的标准来看，住宅并不算宽大，但是功能齐全，作为宿舍是足够的了。格罗皮乌斯自己那一栋里面有佣人住房、车房。我们知道他是很摆校长样子的人，自己上下班都有专职司机接送，其他六个老师就远远没有这般奢侈了。住房仅仅是宿舍，而且都是走路上下班的。

校长楼是有自己的花园的，第三任校长密斯在校长花园和外面相交的地方建造了一道 2m 高的围墙，形成自己完全独立的院落。

格罗皮乌斯其实在这所住宅仅仅住了两年，当时他和前妻阿尔玛·马勒（Alma Maria Mahler Gropius Werfe，1879－1964）离婚，刚刚迎娶新夫人艾瑟·格罗比乌斯（Ise Gropius，1897–1983），他们经常在家里接待客人，并且也经常带客人参观各个房间、厨房，向朋友展示现代室内设计的面貌及其清洁、洗练、卫生之感。

我们一般认为包豪斯是 1933 年 4 月被纳粹政府关闭的，其实德绍校舍早在 1932 年就被关闭了，当时由于纳粹登台前身"德意志工人党"（Deutsche Arbeiterpartei，简称：NSDAP）在德绍掌权，立即封闭学校大楼，密斯不得不把学校迁移到柏林，苦苦再撑了一年。这栋校长楼前后住过三任校长：格罗皮乌斯夫妇从 1926 年住到 1928 年辞职，之后是第二任校长汉斯·迈耶（Hannes Meyer）住，1930 年迈耶辞职，第三任校长密斯·凡·德·罗迁入，也住了两年，密斯在宿舍外围建造了一堵好像城堡围墙一样的墙，把四栋宿舍包围起来，原因从来没有人能弄清楚过。一般认为是原来四栋建筑和外面德国传统建筑之间差异太大，用围墙封闭，加上有一片小树林，这样有一个过渡空间，不至于太过突兀。

德绍的容克斯飞机工厂是德国最重要的战斗机工厂，附近还有一个化工厂，可以生产毒气等化学武器，因此盟军空军大批轰炸机在 1945 年 3 月 7 号轮番摧毁性地轰炸了德绍，工厂全部摧毁，民居也遭到波及。四栋宿舍中纳吉的那一栋被炸毁一半，战后干脆拆了，四栋宿舍成了一片废墟。战后民主德国对重建包豪斯毫无兴趣，四栋楼一部分炸毁、一栋剩一半，两栋虽然还在，但是荒废无人。直到 1950 年代，有一对夫妇找到德绍市政府，申请改建格罗皮乌斯这栋住宅，得到批准，他们照传统重新进行搭建，在平顶上增加了斜屋顶（pitched roof）。但非常讽刺的是，包豪斯的标志之一就是平屋顶。因此，从 1950 年代到 1990 年代这里出现了古怪的反包豪斯的象征。这栋房子随新主人的名字叫做"艾玛住宅"（the House Emmer），摆在那里非常突兀、格格不入，而且无人问津，格罗比乌斯当时人在美国，不再理会这些建筑的现状。其他几栋则一直荒废到 1992 年。我在 1993 年来德绍见到的就是那个情况。

德国统一之后，重建战时被毁的历史性建筑成为整个国家的议题。德国满目疮痍，联邦德国经过经济建设，大部分被毁的建筑

1992 年的康定斯基－保罗·克利住宅，虽然在民主德国时期有所修整，但仍是一派颓败模样

两德合并后，完全修复的康定斯基－保罗·克利住宅楼

得到重建。早期的重建就是完全按照记录、历史资料再造一次，但是到1990年代，德国的民众与学界都开始思考什么才是重新恢复的意义，比如在第二次世界大战被摧毁的德累斯顿的“圣母大教堂”、柏林在战时被摧毁的市政厅，波茨坦被摧毁的市政厅、法兰克福市中心被毁的老区，都面临重建。要重新建造，还是赋予历史的含义却不完全复旧，人们的争议很大。

包豪斯宿舍重建的问题最与众不同的地方就是：德国其他城市面临的问题是拆毁现代建筑、重建被毁的古老建筑，而这几栋宿舍却是纯粹的现代建筑。被毁的两栋是否要恢复到原来一模一样的状态，还是给予新的内容或者意义？纳粹是反对现代主义的，因此才在1933年封闭了包豪斯，但是民主德国政府也反对现代主义，特别是现代主义建筑，因为认为现代主义象征了西方资本主义。

这样，包豪斯住宅在纳粹时代被荒废，在民主德国也被荒废，直到两德统一，德国人民才真正重视包豪斯的价值。但是要重新修整，是完全恢复到格罗皮乌斯时代的原貌，还是保留原貌外形、内部修改，或者是部分恢复、部分重新诠释？德国人做事非常小心，最后选择公开竞标，希望得到比较满意的方案。

具体负责这个项目的单位是德国包豪斯基金会，筹备、策划整个重建项目。具体的问题是在三个方向中选择一个：重建（reconstruction）、改建（recreation），或是重新诠释（reinterpretion）。这个问题成为德国设计界争议的焦点。我第一次去德绍，这个项目还没有启动，我看到的仅仅是废墟，之后就看到项目公开招标，然招标多年，却没有公布中标者。

改造、重建包豪斯四栋宿舍的项目事实上经历过几次投标和竞赛，第一次竞赛没有任何方案令人满意，因而无疾而终。这次竞赛之后，如何做这个项目在德国引起了很大的争议，公众意见分野越来越大，越讨论越复杂。我看报纸说越来越多德国人参与到设计讨论中来，直到我这一次去德国，在前民主德国的德绍听到不同的意见，到柏林听到不同的意见，到德国中部的法兰克福又听到不同意见，甚至到了最西部的杜塞尔多夫依然听到好多人在表达不同的看法。

一栋建筑的改造引起举国的注视，可见德国人对于设计的含义的重视。保持旧址不动，是一种看法，旧址其实非常破烂，虽然住户已经迁出去了，但是前民主德国留下的基本是一个烂摊子，因此保留原址方案被否决。重新按照当年的方案重建，还是回复到格罗皮乌斯的四栋宿舍，大家也趋向不同意，因为周边环境已经变化了，即便建筑完全恢复，也无法回复到原来的面貌。重建方案也被否决，那么留下来的就是改造或重新诠释，怎么改造，成为一个长期以来悬而未决的问题。

经过一段时间之后，在这次设计方案竞赛中，柏林的建筑事务所布鲁诺·菲奥列蒂·马奎斯（Bruno Fioretti Marquez Architects）的方案胜出，方案的基调是“模糊的记忆”（the blurriness of memory）。他们用很复杂的理论来回答了上述的一系列问题。我看过他们方案文本，好像一篇

两位大师都对色彩情有独钟，室内装潢称得上五彩纷呈

研究论文，旁征博引地援引了不少重要的哲学家、思想家的观点，包括德国艺术家托马斯・德昂（Thomas Demand，1964-）、日本艺术家杉本博司（Hiroshi Sugimoto，1948-）、阿根廷作家博尔赫斯（Jorge Francisco Isidoro Luis Borges，1899-1986）等。引用的理论包括切割的记忆片段、想象的拼合等等。在这个方案被批准、设计完成、建筑完成之后，整个项目作为博物馆对外开放。该建筑事务所的马奎斯（José Gutierrez Marquez）在开幕式上说到这个项目的设计概念时，特别强调："我们的记忆是模糊、不准确的（Our memory lives off blurriness and imprecision）。"因此，这个项目的设计，无论是建筑还是室内都有这种强烈的模糊性，这种手法不多见。

我这一次去，安哈尔特应用技术大学设计学院的院长以及三个教授全程陪同参观，并且还请了一个包豪斯基金会的人来讲解历史和过程。我对于包豪斯了解得很多，这一点让他们有点诧异，特别是我谈到莫霍利・纳吉和玛丽安・布兰特（Marianne Brandt，1893-1983）的通信关系细节的时候，有些事情他们还没有听说过，说没有遇到过一个外国人对包豪斯了解得比他们还多的。但是我的这些书本上的知识只是一方面，而走进包豪斯的空间，却是完全不同的空间体验。

这是我第一次看到设计的成果：做法是两栋复原，两栋保留概念性的外表，内部则设计成博物馆和陈列馆。格罗皮乌斯住宅是最大的一栋，设计准确地遵循了格罗皮乌斯整个建筑的空间构造、尺度，但更加极端。整个外墙用浅灰色的混凝土立面，连原来的窗户也变成一个微微凹下的弧度而已。内部有原来的空间尺度，却完全取消了原来的细节，成了一个构成主义的展示空间；而康定斯基与莫霍利・纳吉的住宅则完全复原，特别是康定斯基的那一套，连 1927 年康定斯基自己叫人刷上的彩色墙面都复原了。而他的画室的墙居然是黑色的，据说是为了在卖画的时候比较好地衬托出自己抽象绘画的效果。康定斯基是世界上第一位画纯粹抽象油画的艺术家，他的主要抽象绘画作品就是在包豪斯这个宿舍创作的。据说他很少去包豪斯上课，都是让学生到家里来上课的。

去的那天细雨纷纷，我们都没有带伞，在雨中顺着"格罗皮乌斯小径"来回走，想起设计概念是"模糊且不准确"（blurriness and imprecision）。对包豪斯的认识，我看每个人都有不同的概念，我们不是考古工作者，也不是文物研究者。对待文化，能够有模糊、不准确的理解，反而给大家更多自己诠释、遐想的可能性！END

巨大的落地玻璃门窗，将室内室外融为一体

创意办公：走出格子间

撰文 | 春分

在现代人普遍的印象里，世界上绝大部分公司都是枯燥无趣的。办公楼里沉闷的格子间，电脑屏幕发出死气沉沉的光……每天的工作内容一成不变，毫无意义，工作只是我们不得已的谋生手段，职业倦怠也不可避免地成为一场流行病。

对越来越多的公司，尤其是创意类公司来说，如何提高员工的幸福感与投入感成为当务之急。而办公场所的设计则成为一条相对的捷径，对公司而言，只有拥有一个完美的办公空间，才能发挥最大的创意和灵感用于工作。出于这样的目的，一些趣味横生、令人振奋的创造性办公设计正在不断涌现。

与此同时，在数字时代的背景下，越来越多的创业者开始涌现，对他们来说，并不是配置好独立的办公室、电脑、网络以及其他的办公设备，最重要的是营造一种共享办公的社区氛围。“共享办公”这个全新的概念逐渐进入了公众的视野，成为众多创业者所喜爱的新兴工作格局。位于柏林的Betahaus是柏林第一家共享办公场所，创办于2009年4月，除了提供独立的办公室，保证不受干扰，能够专心工作之外，还有一些，例如咖啡馆等可供自由交流的区域。这样一张一弛的办公环境，是共享办公场所的一个很大的特点。从创办初期，到现在已经有约200多名来自各种创意领域的自由工作者在这里起步，他们当中包括平面设计师、程序员、摄影师、建筑师、律师、非政府机构、翻译、博客作者等等。

不同于商业孵化器，整个共享办公环境的主旨是社交、合作以及信息交流，创建社区环境的重要性远大于商业上的收益。就设计而言，如何让这种全新的工作格局充满活力，激发各个团队的创意并且有利于项目的发展进行才是关键。

这期，我们收集了来自世界各地的一些创意办公空间，如位于上海西岸文化艺术示范区的一组建筑师办公室、光华路SOHO 3Q、莫斯科Dominion办公楼等，从空间布局、配套设施、材料与色彩的运用等方面去展示风格各异的办公环境，让读者领略到世界各地的创意办公文化。也许，这些创意的设计会令人甘愿付出比8小时更多的时间。END

大舍西岸工作室
ATELIER DESHAUS WESTBUND

撰　文 | 小树梨
摄　影 | 陈颢
资料提供 | 大舍建筑设计事务所

地　点	西岸文化艺术示范区
设计单位	大舍建筑设计事务所
建筑师	柳亦春，陈屹峰，王伟实，王龙海
结构形式	砖混+轻钢结构
基地面积	430m²
建筑面积	530m²
设计时间	2015年1月~2015年3月
竣工时间	2015年9月

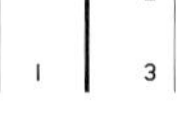

1 图书区
2 院与树
3 轴测

红坊拆迁在即，大舍的新工作室搬到了徐汇滨江，其具体位置落在了西岸艺术与设计示范区内。这个地块本是一片停车场，原场地几乎每两、三个车位就会有一棵树，故而工作室的设计在最初就锁定了场地内的梧桐与雪松，期望用房子和墙将它们围合起来，形成一个院子。柳亦春在访谈中说到，"(我) 有意在寻找设计中如何关注自然、关注气候、关注基地的方法。这次相地时，我就首先看中了这几棵树，这也很自然，大部分人都会这么选。"于是，如何巧妙地与基地发生关系，将那些或隐或显的外在条件吸收进来，便成为建筑师在设计时着重考量的一个关键点。

在原场地中，两棵梧桐与雪松是最明显的条件，而既有的混凝土地面和车位尺度则是较为隐秘的条件，这些条件共同决定了工作室建筑和院子的尺度。房子的最终定位都与树发生关系，尤值一提的当属工作室中卫生间与厨房之间的连接体。连接体的屋顶做了下压的波折，仿佛是院子里的梧桐树印过来的刻痕，同时亦可恰到好处地将下雨天时平屋顶上的积水排到梧桐树的树池里，使得整个院子都生动了起来。原停车场的混凝土表面也被充分利用，20cm 厚的素混凝土可以支撑轻质建筑，由此可免去再做基础的花费；而在落地部分，建筑师也选择了符合场地条件的墙体结构，使得力能够相对均匀地传到地面的混凝土板上。

除场地条件外，对造价、使用期限、实际功能及各体量间的平衡感等问题，建筑师也有反复的思量。最终建成的工作室大致分为两个部分，东侧体量较大的空间被戏称为"大舍"，其中办公空间被安置在光线更好的二层，选用轻钢结构，打造出一个没有柱子的大空间，高挑明亮；而模型间、储藏室、财务室等辅助空间则被放在底层，选用较为经济的砖混结构，压低层高的同时增加墙体数量，既保证了良好的结构性能，同时亦满足了辅助空间的使用需求。西侧则是大舍两位合伙人柳亦春及陈屹峰的办公室，体量虽小，但却具有办公、阅读、写作、休憩等各个功能，是名副其实的惬意"小舍"。两个私人办公室，再加上其前部的多功能空间，就仿佛是一个两室一厅的小宅子，更具"家"的气氛。于是，"大舍"与"小舍"就从尺度及氛围感受上被区别开了，而两者间的卫生间及开放厨房则起到了过渡作用。

工作室细部构件的处理亦十分细腻。就如窗洞尺寸、位置等，皆与建造的逻辑有关，同时亦暗含着建筑师对于人体尺度要素的关注。不同于一般南边窗洞较大的惯例，东侧"大舍"二层的南窗上部高度为 1.55m，这使得阳光照进屋子里时不会落在桌上，从而有效避免了南窗边电脑屏幕反光的问题，提升了办公时的舒适感。而且，1.55m 这个高度，不论是对坐着抑或是站着的人都可以更强化出窗户与围墙之间海棠园的俏丽景象。

从无到有，从虚无的零到一处可观、可感、可用的建筑空间，通过建造，通过精准地覆盖，参与其中的人找到了存在感，而处于空间内的人也寻觅到了庇护与归属，这或许也就是建筑的奇妙之处吧。END

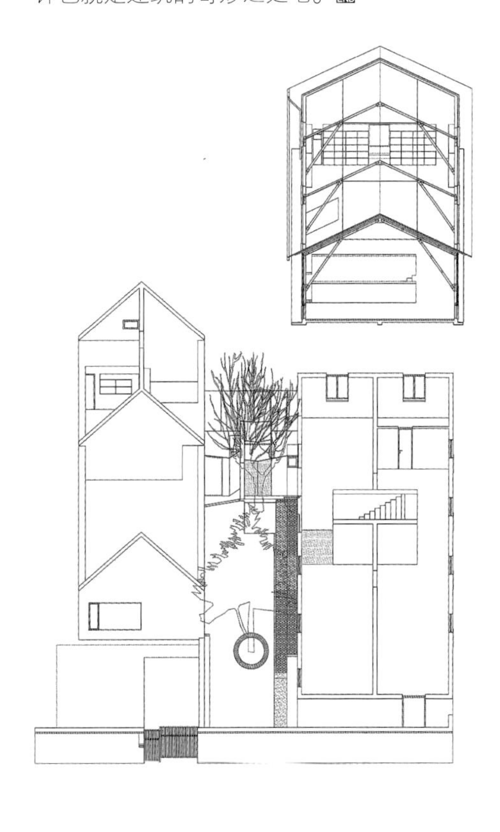

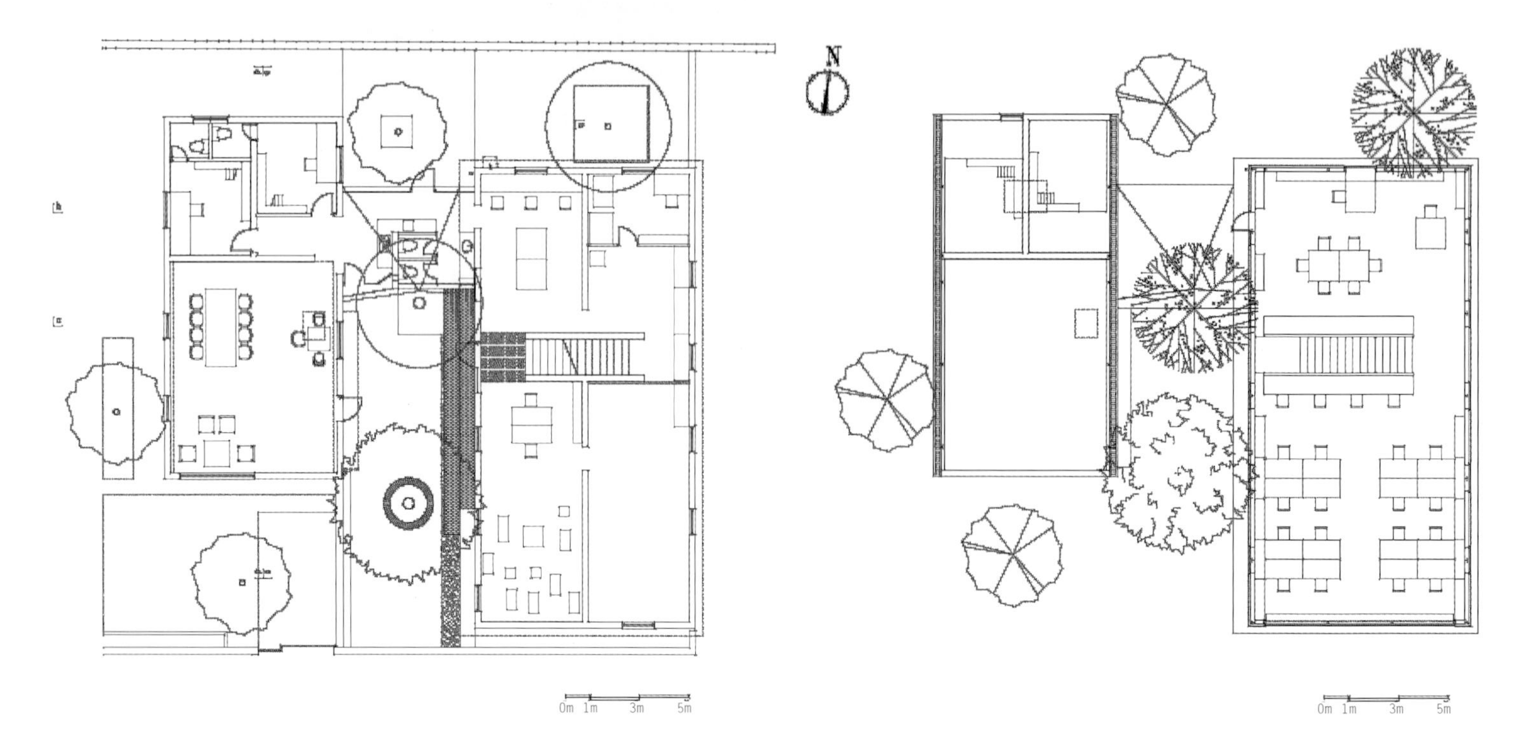

| 1 2 3 | 4 |

1 一层平面

2 二层平面

3 二层内景，窗与结构以及办公室家具的关系

4 二层内景，从办公区看向图书区

domus

1 剖面

2 二层办公室内景

3 上二层楼梯与天窗

4 合伙人办公室内景

5.6 西栋会议室

致正建筑工作室
TEMPORARY OFFICE BUILDING OF ATELIER Z+, WESTBUND

摄　影	页景
资料提供	致正建筑工作室

地　点	西岸文化艺术示范区（上海市徐汇区龙腾大道2555-13号）
建筑师	张斌、周蔚 / 致正建筑工作室
主持建筑师	张斌
项目建筑师	王佳绮（方案设计、施工图设计、室内设计、景观设计）
设计团队	胡丽瑶、薛楚金、黄艺杰、施栋博、冯义明
结构师	张准
合作设计	同济大学建筑设计研究院（集团）有限公司
建设单位	上海徐汇土地发展有限公司
施工单位	上海同济室内设计工程有限公司
设计时间	2014年12月~2015年3月
建造时间	2015年3月~2015年9月
占地面积	267.88m^2
建筑面积	380.74m^2
结构形式	轻钢结构，局部砖混结构
建筑层数	地上2层

1 门厅展厅
2 室外

位于上海徐汇滨江地区的西岸文化艺术示范区紧邻西岸艺术中心主场馆，是利用城市土地再开发的闲置窗口期建设的一个为期五年的城市空间临时填充项目，并邀请了多家建筑、设计和艺术机构入驻。致正建筑工作室的新办公楼就位于这一临时艺术园区的中心位置。场地原为一片停车场，分布有6株大小不同的树木。面对项目的特殊要求，我们在设计中的思考集中体现在如何在临时性的语境下达成建造与空间品质的最大化。首先是如何选择合适的建造体系，以期在控制造价和工期的前提下达成空间使用的最大舒适性与便利性成为了设计之初的关键考量。同时，如何在空间布局上充分回应场地的特性和潜力，以营造有启发性和自由感的空间氛围，也是这个项目的基本诉求。所有这些，都在试图体现一种不完美中的自在状态。

在整体布局上，本项目经历了一个比较大的调整过程。根据原来总体规划的地块划分的面宽和进深条件，以及基地上的树木分布，原方案是一个L型布局的两层建筑，其东南、东北、西北三个角分别被大树所限定，西南向是一个庭院；建筑底层是接待、展示、会议、模型制作等空间，二层是办公空间。后来由于要在原有场地上多安排一个工作室，经与规划方协商，我们向南扩大了场地进深，并缩减了场地面宽，留出西侧一长条地容纳新的邻居。由此，最终的实施方案是一个U型布局的合院建筑，与西侧邻居一起围合了一个植有两株大树的内庭院；东南角由于一株大柳树的存在，建筑内凹形成了一个开放的入口前庭；西北角是与邻居共用的封闭后庭。这三个对角线方向布置的庭院都与场地上原有的树木相关，使建筑牢牢地锚固在场地上。新的布局方式使空间和体量的尺度更宜人，整个建筑除了北翼两层高以外，东翼和南翼都只有一层高，同时每一部分的进深都有所减小。连接南北两翼的东翼的主体空间是一个兼作展厅用的入口门厅，同时还布置有行政接待、储藏、茶水和卫生间等辅助用房。南翼是一间完整的带有天窗的设计团队的大工作室。北翼的底层是会议和模型制作、储存空间，东北角有一部楼梯引向二层。二层由东到西分为线性排列的三部分：东侧是一个整合了楼梯间、阳台和卫生间的全部由聚碳酸酯阳光板包裹的温室暖房，布置各种盆栽植物，如同一个微型花园；中间是主持建筑师的书房，以落地玻璃面对暖房；西侧尽端是一间茶室，与书房以透空书架相隔。

在最初方案中，我们就将混合建造体系作为回应设计条件的最佳选择，其基本思路是：作为接待、展示、会议、模型制作等辅助功能使用的底层部分用砖混结构建造，直至二层窗台高度，以此形成一个砖混结构的基座平台；二层作为设计工作室使用的主体空间使用龙骨状的轻质结构建造。这样的混合体系具备如下优点：首先，底层的砖混结构和上部的轻质结构可以发挥各自在建造上的长处，减低整体的建造难度，以利快速建造；其二，这种二元并置的结构体系也可以对各自所属的空间特性做出有针对性的回应，特别是办公部分，龙骨状的轻质结构可以把结构构件的尺度控制得最小，让结构参与空间的尺度塑造，进而让空间能够包裹住其中的身体，让身体沉浸其中。最初方案的龙骨结构曾经考虑的是胶合木结构，后来由于消防原因放弃了。但是原方案的工作室和书房的不同的龙骨结构形式以及控制构件截面的措施在实施方案中通过轻钢结构实现了。7.5m进深的大工作室通过一排中柱，

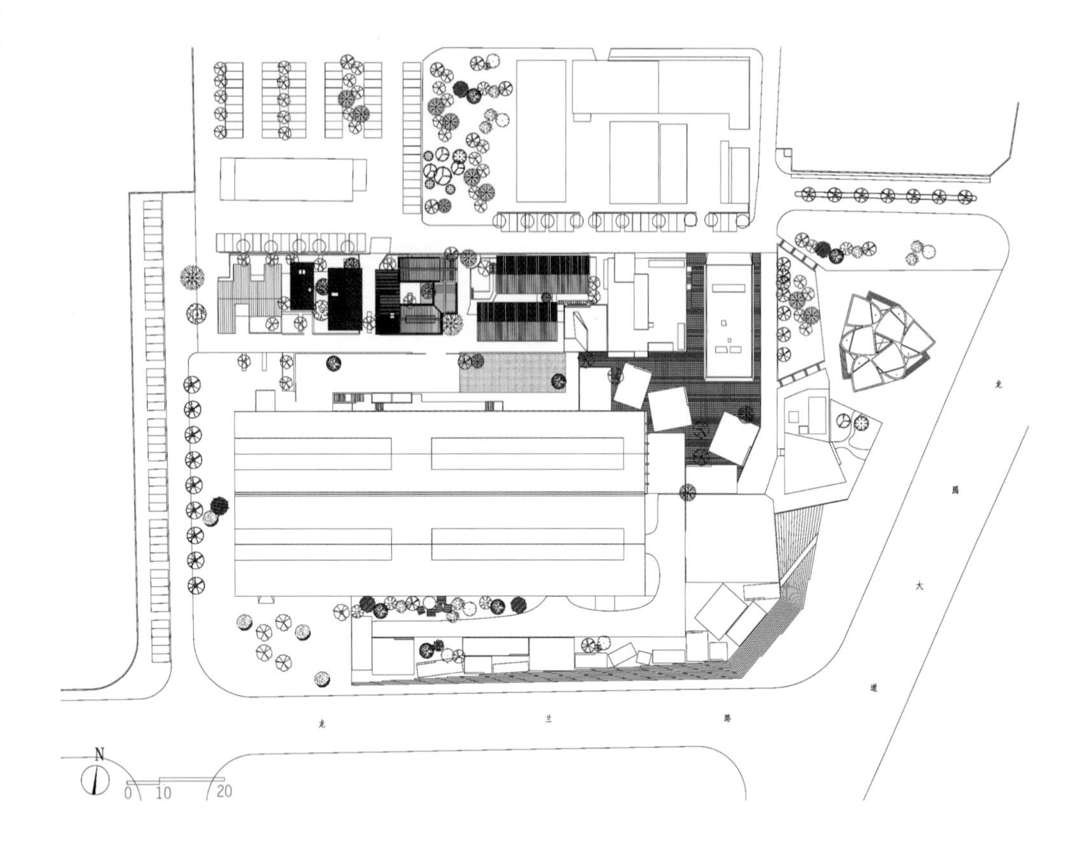

1	3
2	4

1 总平面

2 庭院

3 室外

4 花房剖透视

以及中柱和边柱上的斜撑控制屋面主梁的结构跨度；同样，6m 进深的二层暖房、书房、茶室利用边柱斜撑和跨中下弦拉杆控制结构跨度；而 6m 进深的门厅展厅一半是砖墙承重到顶，一半是轻钢梁柱落地，厅里面 3m 的屋面主梁通过沿坡屋顶平面的局部斜撑加强来控制梁截面。如此，所有梁柱的方钢截面都不超过 60mm~70mm，基本与窗框的尺度保持一致。

砖混 / 轻钢的混合结构自然而然地带来了材料上的直接并置。轻钢部分（除暖房之外）的复合外墙与屋顶的面板都是银灰本色的波形镀铝锌板，出檐部分用特殊的构造处理保证了端部单板的波形效果；外墙与屋面的内表面分别是石膏板衬板和瓦楞钢板底板，都施以白色涂料。而砖混部分的砖墙、圈梁与构造柱的粗犷痕迹在室内外表面全部最大限度地加以保留，并用室内外不同工艺的罩面涂层全部施以白色。在相对统一的色调中，轻钢系统的工业化精细肌理与砖混系统的手工感粗野肌理的并置在室内外都可以被清晰地阅读，这种空间界面的双调性重奏有利于自然、轻松的空间氛围的塑造。

在这样的砖混 / 轻钢混合体系中，坡屋顶成为从方案最初就坚持的不二选择。除了技术上的防水可靠性与便利性之外，坡屋顶在空间尺度控制上的潜力也是关键因素。我们在檐口侧都将高度压得较低，而跨中的高起也不至于突兀。大工作室屋脊处在中柱斜撑范围内开了一条天窗采光带，配合南北两侧檐下的压低长窗，与室内的座椅布置和西山墙的整墙书架相呼应，形成了一种温暖明亮、柔和细腻的空间氛围，在让人静心工作的同时，阴晴雨雪的天候变化在室内会留下光影与声音的痕迹。这种时间性的介入在二层书房表现为通体半透明的暖房空间在一端的并置，创造了一个朦胧的室内过渡空间，它可以在内部捕捉时间的微妙变化，形成了由书房面向暖房的沉思静观之势。而展厅面向庭院的透明界面让展厅的室内空间接近于连接南北两翼的半室外廊下空间，将整个庭院纳入它的可感知范围。

暴露纤细梁架与瓦楞钢板衬底不做吊顶的白色顶棚在抽象中提供了一种具体的肌理作为尺度参照。连同所有长窗背后露明的细柱，这些构件在空间中都具有一种含糊的暧昧性，它们既相对清晰地呈现为建造方式的物质线索，又与书架、办公桌、灯具、室内植物等家具陈设尺度的物件一起参与了空间与身体的关联性的塑造。由此，建筑的结构体并非一种对象化的存在，而是消融在包裹身体的具体空间之中。这样的空间在保持日常性尺度的同时，又启发了身体的自由感。END

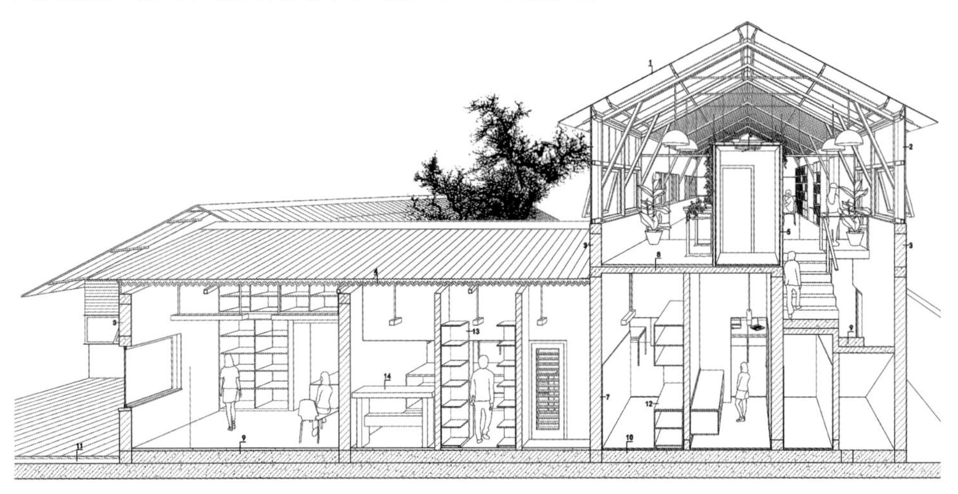

1 2 | 4
3

1 会议室

2 大工作室

3 书房

4 花房

梓耘斋西岸工作室
TM STUDIO WESTBUND

资料提供 | 童明工作室

地　　点 | 上海市徐汇区龙腾大道2599号
设计时间 | 2015年
竣工时间 | 2016年
建 筑 师 | 童明、黄潇颖、朱静宜
基地面积 | 140m^2
建筑面积 | 180m^2

在建筑设计中，有关坚固与实用、结构与功能、形式与符号的思考始终必然存在，但是如何将其落实为一个具体的现实结果，一方面需要某种稳定的内部原则，另一方面则需要能够应对流变事件的融合策略。针对结构与空间的视角可能是专业性的，而对于功能与实用的考虑则更加是社会性的。一座建筑如果只是孤立的、内部的思维方式，那么它与外界的衔接将会极其脆弱，大部分建筑设计则是从如何可以合理使用开始的。

因此在很多情况下，为了使一座建筑与其环境之间能够形成良好的对话关系，就需要使得建筑设计变得可以叙述，但无论如何最终还是存在这么一个很微妙的差异点，也就是一个建筑设计即便拥有各种各样的出发点，但是仍然隐约存在着某种操作性的核心。这种核心不是直观的物理性、逻辑化的操作，而是某种带有稳定性的思维框架，可以使建筑的发展带有良好的适应性，以面对的不可预知的未来。

有关功能性的故事或者社会性的话题是相对容易的，但随后在成形过程中的思考，才是建筑学真正的开始，也就是说，建筑师要有能力将复杂的问题逐渐消化，通过有机的结构关系，搭建或者支撑多元化的生长过程。

在西岸工作室的项目中，梓耘斋工作室是最后一个加入的。在此之前，大舍、致正、高目已经就这块狭长地块如何划分，以及在五年短暂使用期限内如何使用等问题进行了多方面的考虑。所得出的结论就是，采用轻钢加砖混的混合结构方式，多快好省地进行建造。于是，半预制化的镀锌钢材、U型钢板、发泡保温层等结构与材料就成为了一种建造前提，而每一个事务所未来的使用状态以及由此而来的建筑形式则会从设计过程中获取出来。

在具体的设计过程中，由于梓耘斋工作室与致正工作室合用一个地块，相互之间的围合关系经过了二、三次的变动，每一次的调整，又都会由于朝向、衔接与出入口关系的不同，引起了内部结构与空间的相应布局，而这种动态性的变化，都需要在很快的时间里做出调整。

最终梓耘斋工作室的建造基地被确定在致正与大舍之间的一个宽6m，长18m的狭长形南北向地块中。为了给北部庭院及致正工作室的二层空间留下足够的日照间距，

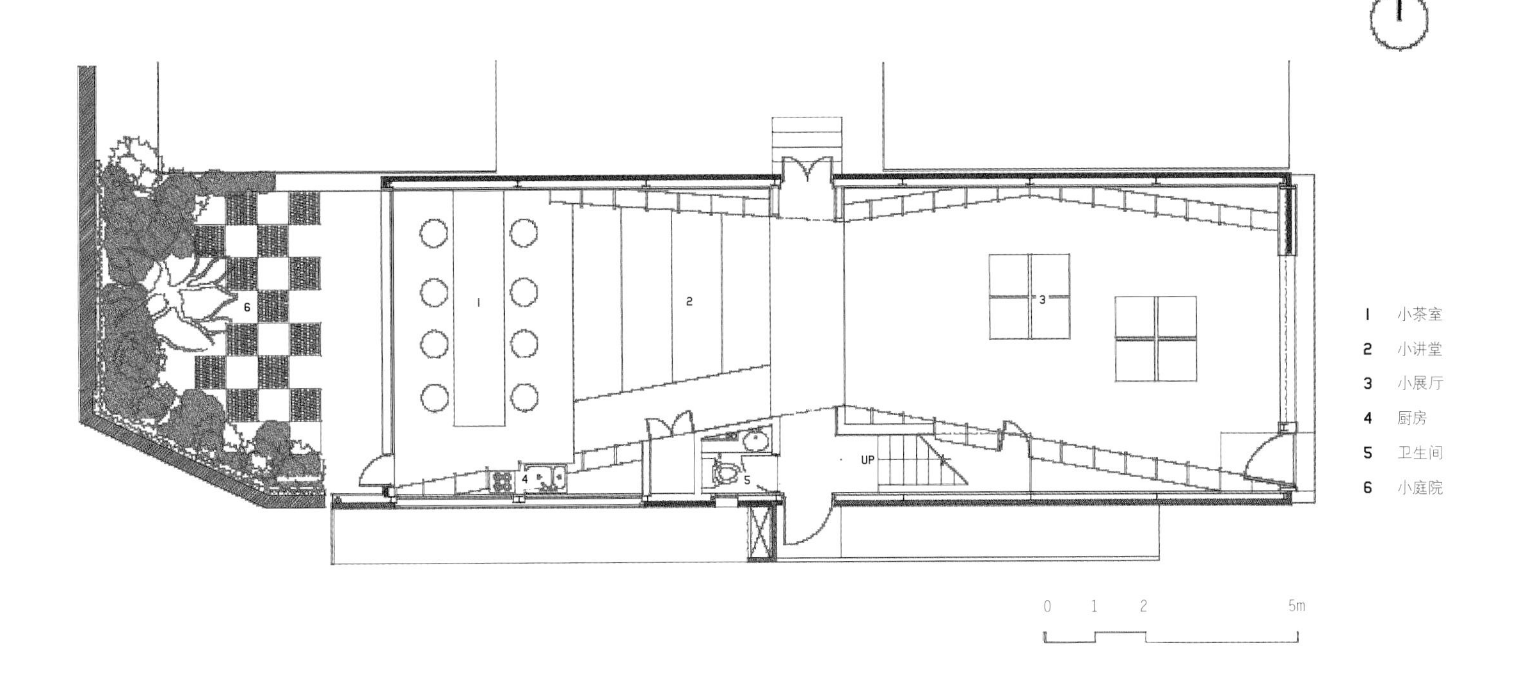

1 小茶室
2 小讲堂
3 小展厅
4 厨房
5 卫生间
6 小庭院

1 外观
2 模型
3 一层平面
4 入口

梓耘斋工作室局部二层的建筑体形就此成为了南高北低的效果。由此，再加上与其他三个邻居已经确定下来的双坡顶的体量关系和内部结构和面层材料，一座建筑的大致景象由此确定。

但这粗略的形体关系以及结构形式只是建筑设计的一个起点，在随后方案的发展过程中，总体性的任务就是如何把工作室那种特定的使用方式融入到这样一种似乎已经定局的支撑性结构中，并且是通过一种经济适应性的方式来完成的。

由于在短期之内，梓耘斋工作室尚不能完全搬迁到此进行办公，因此有关功能布局的构想就成为了一种不够确定，或者两者兼顾的问题：这样一个小小的空间既要能够满足常规性的办公需求，又能容纳一定的交流活动，既能够举办一些专业展览，也能开展一些小型讲座，而整个建筑面积只是控制在约 180m²。

由此所导致的考虑就是，主用空间尽可能完整、通畅，混合而不加分隔；辅用空间则尽量进行压缩，列布于主用空间的两侧。由此而来的结果就是，楼梯、厕所、配电间与储藏、搁架这些大小不一的模块共同形成了斜向梯度的布局，中央的主用空间在中段得到收缩，形成双向喇叭口的格局，并在东西两侧通达次用出入口。

在剖面的视角中，为了实现轻质而大跨度的结构效果，二层楼板采用三角桁架形式，但与常规方式颠倒一下，三角朝下，平面朝上，以形成二层楼面的平面效果。倒向的三角形桁架与地面的坡度相互配合形成收缩，恰好将通长空间在纵向维度上进行了一定的视线分隔，而中部的抬高部位也能减少楼梯的登高高度，缩小了楼梯面积。

通过结合这样一种根据未来使用情况的想象，一开始概念中的操作图示逐步凝结，空间概念与功能模式之间的磨合最终达成，各种大小模块之间与完整的空间感受更加具有协调性，从而为功能布局带来更多的结构姿态。

斋藤公男将建筑视为由多重线索编织而成的编织物，技术是延续着编织漫长历史的经线，而时代的要求和个人感性的意象则构成了纬线，一个是稳定的，另一个则是灵动的，两者的交织成就出亮丽的织布，那就是建筑。这一句话之所以能够引起共鸣，是因为他把那种难以言表的事情讲得比较清楚。“意象与技术，在建筑师与工程师的邂逅的交点，演绎成一幕幕精彩的大戏”。

本质而言，由于没有常规项目中的那种外界因素，梓耘斋的西岸工作室的建筑设计就是一场在功能与结构之间关系的纯粹思考，从简单的原型结构中，逐步繁衍出适用于功能状态的多层次变化，所凝结出来的结果则反映于剖面图示中的空间表达之中。这种灵活性与适应性可以使得建筑设计变得生动有趣，因为它可以把一种明确的结构性原型与潜在的多样性事件组织到一起。END

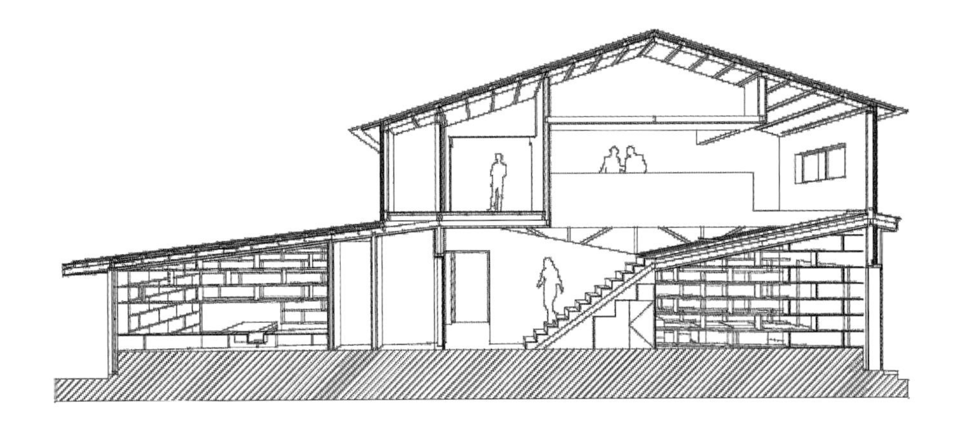

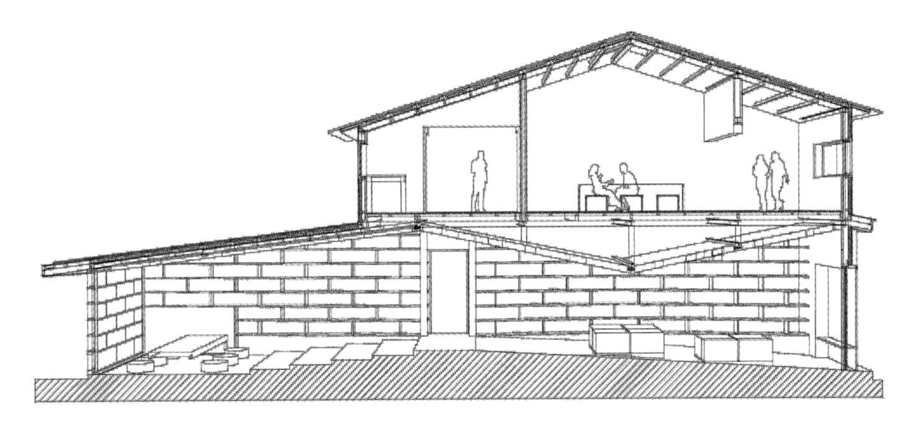

1 小茶室

2.3 剖面透视图

4 从小展厅看向小茶室

目外工作室
ATELIER MOA

撰　　文 | 小树梨
资料提供 | 上海高目建筑设计有限公司

地　　点 | 西岸文化艺术示范区（上海市徐汇区龙腾大道2555号）
建筑单位 | 上海高目建筑设计有限公司
主持建筑 | 张佳晶
竣工时间 | 2015年

近些时候，在西岸这处能欣赏到上海最美夕阳的地方搬来了一群新“住客”，其中就有高目建筑。高目，本为一围棋术语，指棋盘角部的某一位置。而这次，高目也是从棋盘位置中得到灵感，替新工作室择了一个新名字——目外。目外，亦落在棋盘角部，似是更“歪”、更“邪”一些，且在传统围棋布局中鲜少会在“目外”落下第一着。然而，有时不同于传统，不遵循旧例，才生得出趣味。

或许，给自己盖房子，其本身就是一种乐趣。没有建筑学理论，没有时下流行的“即物性”与“反高潮”，张佳晶和他的同事们关于目外工作室一切的想法，都落到了三个十分简单的词上：好看、好用、省钱。这三点看似容易，但若要做到兼顾，其间各种巧思自是少不得。而在“目外”的各个角落，都不难发现高目的建筑师们用心且很是有趣的“小伎俩”。

首先看到的围墙便是如此。围墙是以回收来的旧木门组合拼装而成的，“省钱”自不必多说，一扇扇木门虽都是旧痕斑斑，样式、颜色却各有不同，让人不自觉地生出一番推门而入、一探究竟的好奇之心。稍往里走些，即可见工作室的大门，大门选用了泡沫铝板，属特殊环保材料，因国内仅有一家可生产该种材料，大门自也成为目外工作室花费最多的部分。

工作室分为两层，一层较多的空间为展览所用。展厅内的拱形结构十分吸睛，出于对技艺的极致追求，建筑师希望各构件的长宽均能控制在10cm以下，经过反复的加减构建，最后建成的拱结构在观感上别具轻盈之感。而拱顶下的膜结构用的则是每平米几十块钱的广告布做法，虽然其最终的完成效果略欠精致，但也不失为最经济合理的做法。在一层空间中，多用到金属帘子来做空间划分，而因其耐候性及半通透性也使之成为了特别适合“目外”空间的材料。除展览空间外，在一层大门的左手边还有一间咖啡厅，而这也是“四面漏风”的工作室中两处较为封闭的空间之一。咖啡厅内所选用的家具并未刻求一致，蓝色吧台、橘色沙发座、高矮不一的小圆桌，尽显随性惬意。更有趣的是咖啡厅内红砖墙上的一系列插座，这些插座及其下相连的电线经过设计与排布后，就像是在红墙上画出了几株“白树”，这一方面满足了布线时“集中出线，分散布点”的功能性要求；另一方面亦十分巧妙地将插座转化成了充满创意的墙面装饰，省去了额外的装饰费用。

另一处较为封闭的空间落在二层，其用途为小型工作间。房间内有竹子做的吊顶，以作遮阳之用。而选用竹子，其实也是张佳晶的一次“突发奇想”。在设计工作室时，正值城市艺术空间季展览，相邻西岸艺术中心的主展上有三个建筑师做的三个巨构，分别以木、钢、竹做成。于是，张佳晶便想到“目外”既然已有了“木”和“钢”，不妨再加点“竹”,使三者合一。一闪的灵光，促成了一个临时的决定，抛开了条条框框，在设计的过程中发掘出各种产生趣味的可能性。

“四面漏风”似乎已成为谈及目外工作室时的关键词。自然，“四面漏风”的建筑会有无法回避的缺点。然而，正如张佳晶所说的，“就像你在最美丽的年华里遇到最美丽的人一样，能在这最好的季节里把这个房子享受过了，这个房子就值了。”END

1.3 一层展览空间

2 从高处看向工作室外观

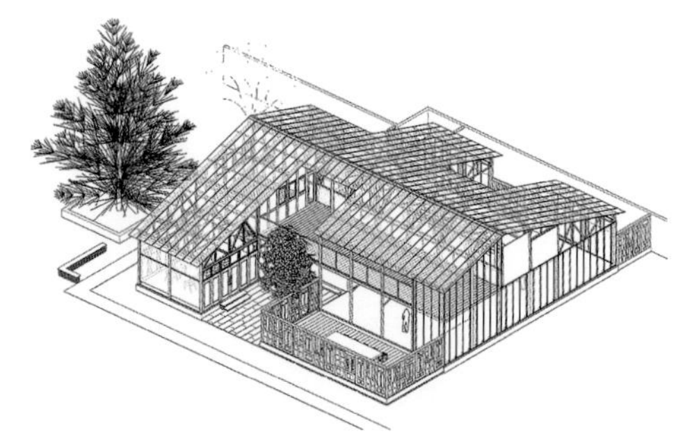

1 一层展览空间

2 展览空间以金属帘子为隔断

3 工作室轴测模型

4 从入口处泡沫铝板门看向内部展览空间

5 回收来的旧门板半围合出一个小院落

6 插座与电线像是画在红墙上的白树

西岸FAB-UNION SPACE

FAB-UNION SPACE ON THE WEST BUND

摄　影｜陈颢、苏圣亮
资料提供｜Archi-Union Architects

地　点｜西岸文化艺术示范区（上海市徐汇滨江区龙腾大道2555号D栋）
建筑面积｜368m²
建 筑 师｜袁烽
设计团队｜韩力、孔祥平、王徐炜（建筑）；张准（结构）
设计时间｜2015年6月
建造时间｜2015年6月-2015年9月

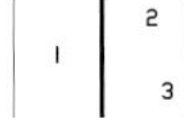

1 极具表现力的空间曲面
2 工作室外观
3 空间塑形示意

快速城市化过程中的微型建筑营造往往带有诸多的不确定性。它既要求最大化地利用土地，提高空间的利用效率，同时也需要创造出普适的空间，使得项目能在不同的层面上面对未来使用上的诸多可能性。此外，它还可以为周边城市和创造独特的空间性格和魅力。

位于徐汇滨江西岸文化艺术区的Fab-Union Space作为一栋 300多m^2的小房子，是我们数字化建造的又一次尝试，它综合了我们近来对于空间、材料、设计方法以及相关施工工艺的新探索和新思考。在设计之初，为了提高整个空间的效率并减少整个项目的投入，整个项目在纵向被划分为东、西两个部分。东侧为两层相对较高的展厅空间，西侧为三层普通展厅空间，两侧不同标高的楼板在最大化可使用面积的同时，也为展览/办公等未来可能的多种使用情况提供了相应的灵活性。楼板在山墙两侧通过两堵150mm厚的混凝土墙加以支撑。而在中部，则是通过竖向交通空间的巧妙布局，对重力进行引导，使得楼梯空间成为了整个建筑的中部支撑，亦使得传统意义上的结构—交通这种二元化的建筑要素得以同化。

同时，交通动线和重力的传导在空间和形体上互相制约而又彼此平衡，且自然而然地成为了空间塑形的基础。曲面将原本竖向的重力加以分散传导，而不同的曲面互相支撑又使得重力力流得以落地。整个建筑的外界面采用了极简化的透明界面，这便使得整个混凝土结构体的内部空间表现力能够在建筑的外部便被体悟到。这样的设计构思同时保证了两侧展厅的空间完整性，而中间仅有的楼梯作为交通联系的空间既强化了人在建筑中的动态行为，同时利用空气动力学的拔风原理实现了整栋建筑的通风最大化，以及整个空间体量的连续性界面。于是，整个空间虽小，但却有无穷尽的空间感知变化，仿佛身在中国传统的古典园林，每一步都会带来空间的惊喜。

混凝土作为可塑性材料承载了整个空间的建构特性，这得益于它易于施工的特点。而对于建筑的空间曲面，我们使用了众多先进的空间几何定位方式以及辅助性的施工工具，整个建筑从设计到施工历时仅四个月。这既是材料简化、工艺简化的设计策略带来的优势，同时也是数字化设计以及施工方法创造的奇迹。END

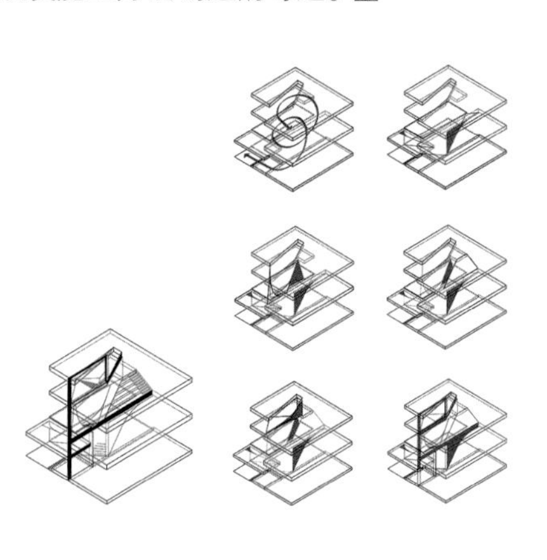

1	3 4
	5 6
2	7

1.2.7 内部的曲面使人产生无尽的空间感知变化

3 一层平面

4 屋顶平面

5.6 剖面

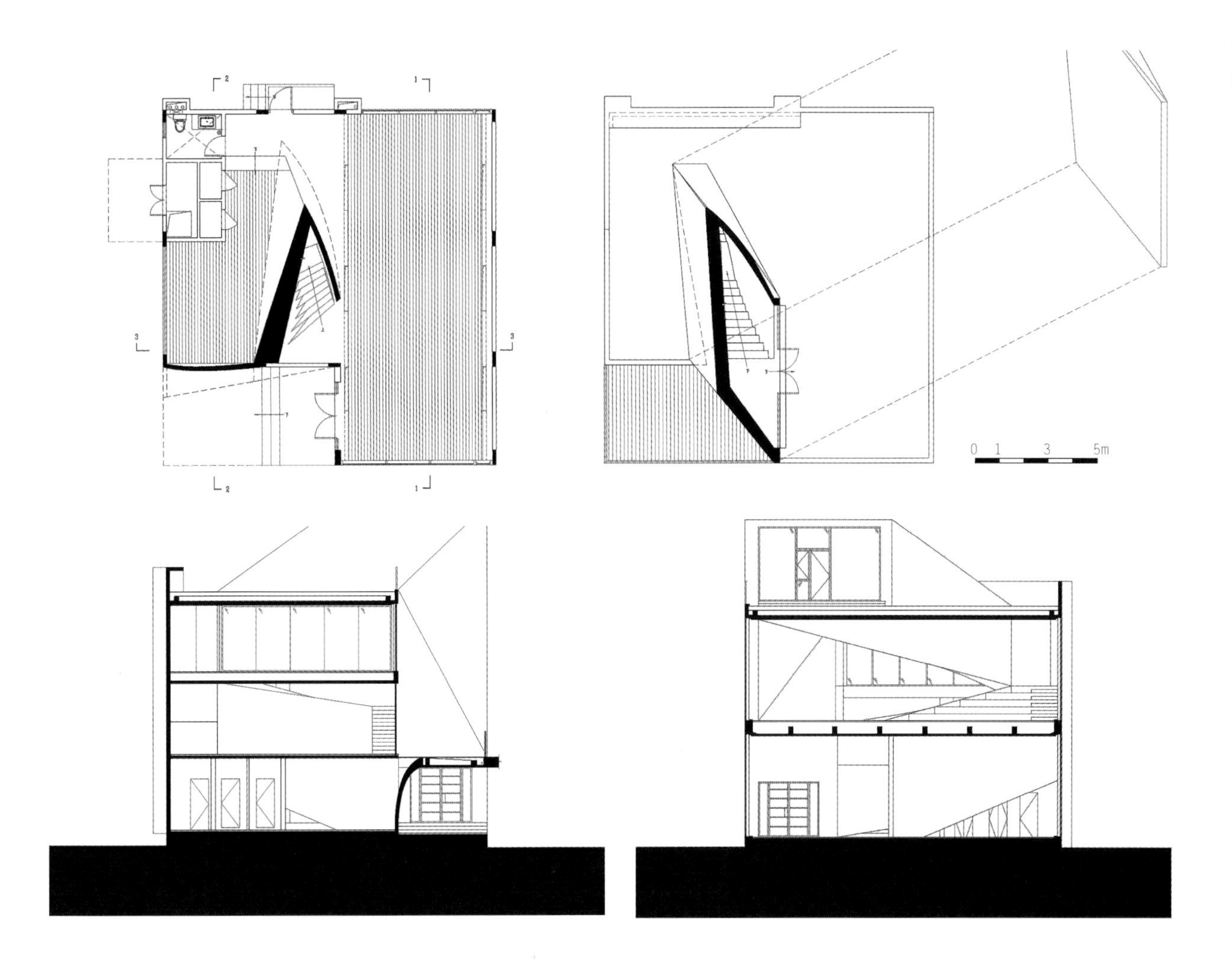
0 1 3 5m

| 1 2 / 3 | 4 |

1-4 空间内充满变化 的曲面

莫斯科 Dominion 办公楼
DOMINION OFFICE BUILDING MOSCOW

翻 译 | 立春
摄 影 | Hufton + Crow
资料提供 | 扎哈·哈迪德建筑事务所

建筑面积 | 21 184m²
建筑高度 | 36.27m/9层（7层办公室，地下2层）
项目业主 | Peresvet Group / Dominion-M Ltd.
设计单位 | 扎哈·哈迪德建筑事务所
设 计 | 扎哈·哈迪德、帕特里克·舒马赫（Patrik Schumacher）
设计总监 | Christos Passas
项目建筑师 | Veronika Ilinskaya, Kwanphil Cho
室内设计团队 | Emily Rohrer, Raul Forsoni, Veronika Ilinskaya, Kwanphil Cho
艺术装饰 | Bruno Pereira

1 各层的中庭都成为了交流空间，促进公司员工的交流
2 建筑主体由一系列相互偏移的楼层叠加而成
3 模型
4 流线分析

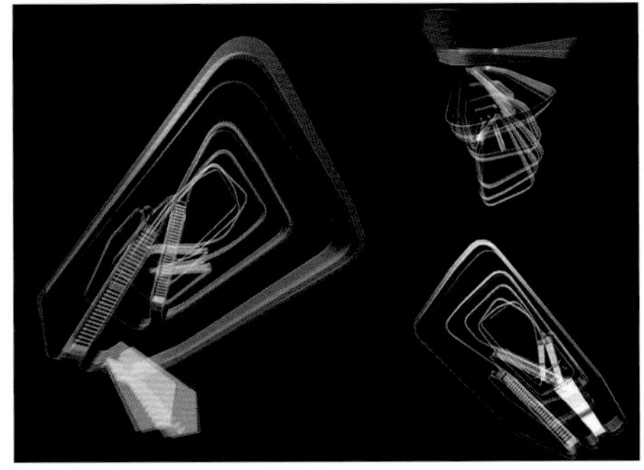

俄罗斯政府一直希望将莫斯科东南部打造成为城市主要的工业区和居住区，近年来，创意和IT产业亦正蓬勃兴起，而由扎哈·哈迪德事务所设计的Dominion办公楼则是该区域第一批产业配套建筑中的一座。项目位于Sharikopodshipnikovskaya大街，临近莫斯科地铁Lyublinskaya线的Dubrovka站。

建筑主体由一系列相互偏移的楼层叠加而成，各层的曲线元素将之联系成一个整体。中庭空间贯穿所有楼层，将自然光引入到建筑中来，与外立面一层层伸缩的外形相呼应。在建筑内部，每层的平台也向着中庭出挑。极具造型感的楼梯将各个楼层串联起来。

位于地面层的餐厅将中庭和室外空间相连通，并一直延伸至街边。中庭周围是咖啡和甜品区，使得此处成为多个楼层的共享空间，鼓励同在这里工作的人们彼此交流，令不同公司、不同行业间能够互助合作。许多初创的IT和创意企业认为，“集体探讨”的方式是其发展进步的重要动力，扎哈则希望通过办公楼开敞式的设计强化这一概念。

办公室空间按照标准的直线排布的开间来设计，以适应规模不同的公司的需求。在中庭和电梯的外围是防火通道、洗手间和设备井，这些服务空间各自形成核心，为办公空间提供了一定的私密性，且核与核之间留有透明的缝隙，使中庭的光线得以进入办公区。

围绕中庭的核心筒和靠近建筑外缘的一圈柱子是建筑的主要支撑建构。相互偏移的楼层通过对侧的施重来保持平衡。某些区域的柱子被取消，通过横梁将荷载转移，从而保证空间的连贯性，为需要大空间的租户或者举办公共活动提供场地。END

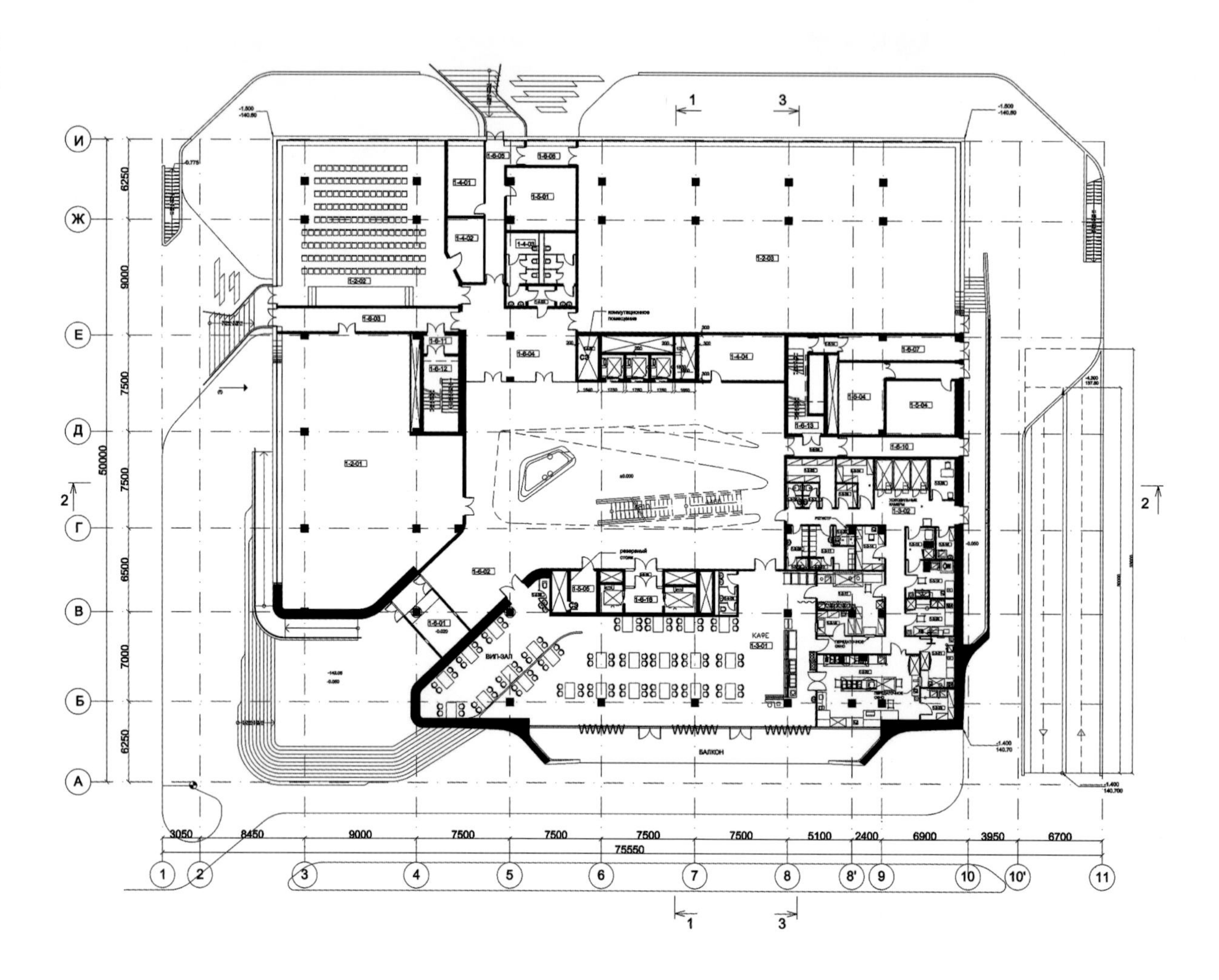

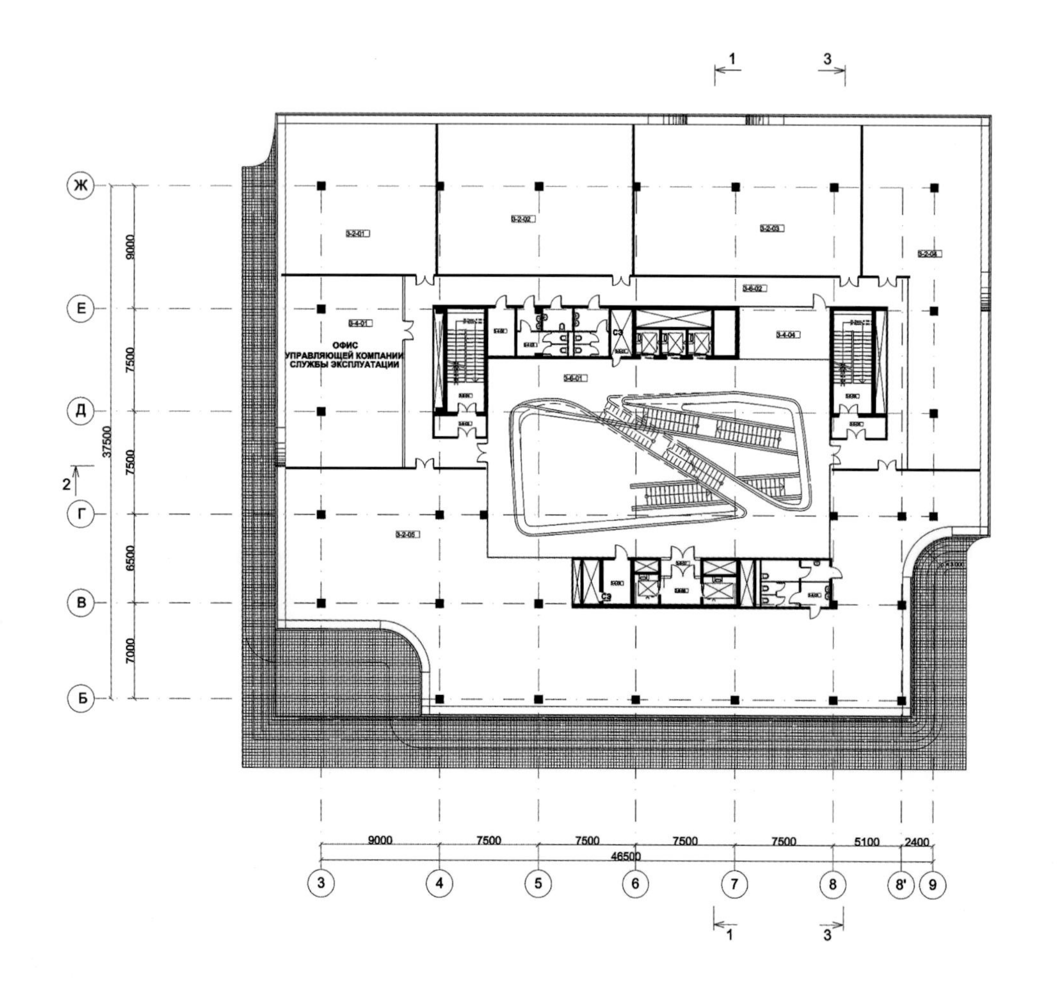

1　一层平面

2　三层平面

3　中庭贯穿整个建筑，为室内带来光线

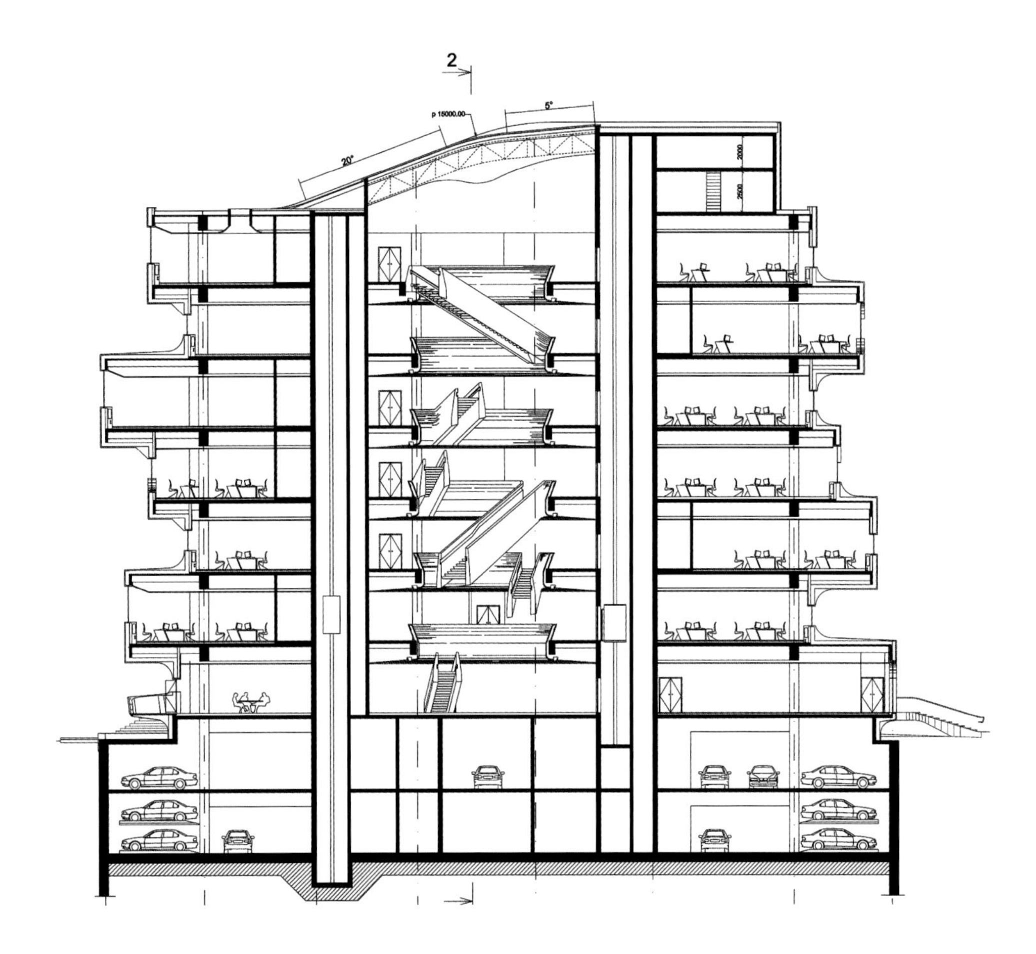

1 建筑各层是由一系列纵向堆叠的平板构成，并使用了弧线元素相连接

2 剖面图

3.4 各层的阳台向中庭挑出，与建筑外部相呼应，一系列楼梯连接了中央的空间

光华路 SOHO 3Q

GUANGHUA ROAD SOHO 3Q

摄　影	阴杰
资料提供	AIM ARCHITECTURE 恺慕建筑

地　点	北京朝阳区光华路西里
室内设计	AIM ARCHITECTURE 恺慕建筑
设计团队	Wendy Saunders, Vincent de Graaf, 于正鹏, German Roig, Byungmin Jeon, Liat Goldman, 朱彦文, Bertil Dongker, Alex Fripp, 张志坤
业　主	SOHO中国
功　能	共享办公
面　积	3 3874m^2
设计时间	2014年12月~2015年6月
竣工时间	2015年12月

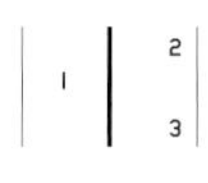

1 剧院
2 入口
3 二层

在生活方式多元化和工作追求高效快捷的今天，“朝九晚五 + 格子间”的工作模式不再是都市标配。各种极具创意的工作坊和灵活多变的工作空间应运而生，不仅成为上班族新宠，更掀起了一场潮流办公间设计之变。AIM 为 SOHO 打造的最新的 3Q 共享办公间就以摩登现代又极富创意的设计理念率先为“潮流办公间变革”提供了一个教科书式的范例。

SOHO 3Q 以“微”租办公间和共享公共空间的创意来实现办公灵活性和空间资源优化。公司可以单间或独立桌为单位租赁办公间，同时与其他公司分享会议设施和报告厅等。这个全球最大的共享创意空间，由 AIM 为 SOHO 3Q 重新诠释。

AIM 从品牌 DNA 入手，为强调现代简约风的 SOHO 在 3Q 的设计里融入颜色斑斓、充满活力的元素。在原建筑布局之上加入了许多温馨人性化的细节，为工作空间带来一份家居的舒适悠闲。除此之外，把每个超大的空间灵动注入不同风格和功能，巧妙地分划区域。

这个精美的设计如何构建？通过 SOHO 3Q 的空间概念便可一眼明了。3Q 作为现代简约灵活的办公间代表，最初是一个占地面积约 2.5 万 m^2 的购物中心。AIM 在设计上最大的挑战就是如何在原建筑布局上大翻身，呈现一个与购物中心风格南辕北辙的共享办公间。

AIM 决定善用购物中心的空间，将商场过道巧妙地布局为 work station lab，把原有的商铺空间改建为让租客悠闲放松的咖啡馆和开放式茶水间，舒缓紧张的工作节奏。此外，如何改装两个宏大明亮的中庭，让它们作为整个 3Q 的核心焦点，无限发挥 3Q 鼓励 networking 的凝聚力？

AIM 大胆采用橡木楼梯的设计，“倾泻而下”的橡木楼梯间的设计将中庭一层打造成了一个开放的报告厅。报告厅不单为租客提供开会讨论的好地方，超大懒人橡木楼梯间更为自拍“拗造型”提供了绝佳之选！

AIM 为另外一个中庭选择了“公园会议室”的设计概念，以清新竹节和透明玻璃为主要材质营造出靠近大自然的私密会晤空间。这个共享空间以“人本主义”最合理的方式平衡了专业高效工作和乐享休闲时光的这个生命主题。更为匠心独运的是 3Q 办公间的共享模式“打通”了一条行业社交和创意分享的通道，构建了一个资源共享、行业互通的交流平台。在这里，也许一杯咖啡的时间，你可以了解一个行业最新的资讯和脉动！

每天上班如何在 3 600 个位置找到自己的归处？AIM 在空间分区方面以繁华摩登的国际大都市元素抽象成缤纷色彩，浓缩“绽放”在 3Q 办公间的墙壁或地板上。以色彩区分行业分公司：地下一层以文创等新兴品牌为主，楼上二层以金融地产等传统行业为先，精巧构思和生动灵性的设计语言，不单丰富整体的设计感，更巧妙地让租客更容易识辨位置！此外，运用布局风格变换办公间功能，这样活力满满又实用的设计，将 3Q 办公间的前卫设计和实用功能完美融合。END

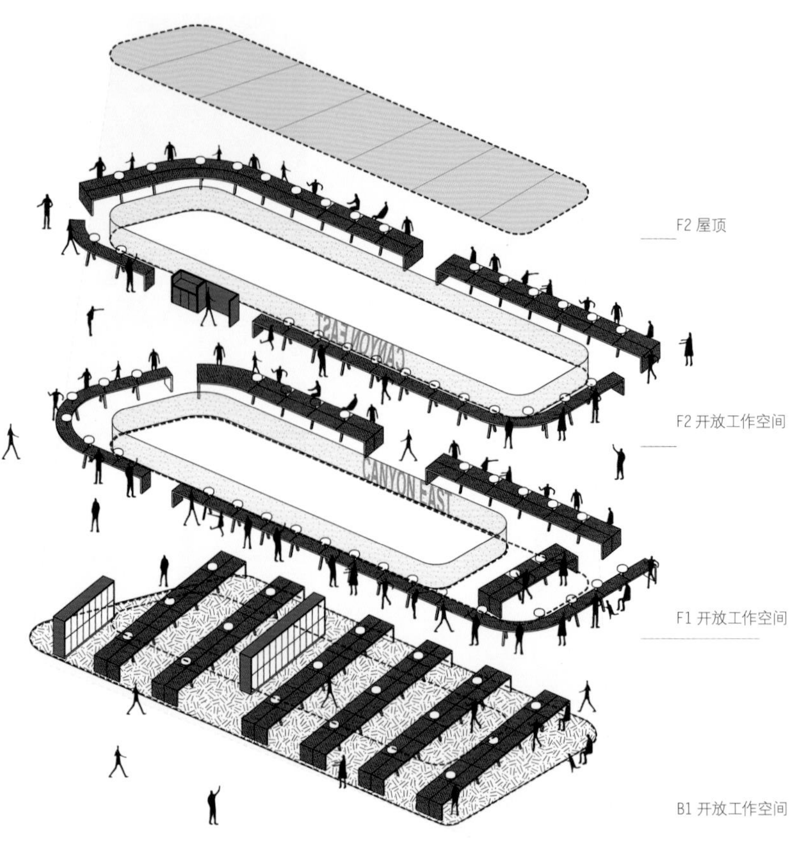

| 1 2 / 3 | 4 |

1.3 一层

2 中庭的开放空间

4 室内花园

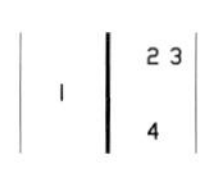

1-4 剧院

NeueHouse Hollywood办公空间

NEUEHOUSE HOLLYWOOD STUDIO

译　写｜小树梨
摄　影｜Emily Andrews
资料提供｜Rockwell Group

地　点｜美国洛杉矶
设计公司｜Rockwell Group
竣工时间｜2015年

1 接待台和入口大厅

2.4 半开放的会议空间

3 入口大厅

由 Rockwell Group 新建的 NeueHouse Hollywood 办公室就位于洛杉矶地标性建筑——哥伦比亚广播公司大楼（CBS Radio Building and Studio）内。这栋设计于 1938 年的大楼为瑞士建筑师 William Lescaze 的作品，表现出明显的国际主义的特征。而该次 Rockwell Group 在修复过程中，力图维持并还原大楼原先的简朴气质与现代气息，从流线型的几何图形及机械时代精巧的材料运用中获得创作动力。原 CBS 大楼被视作是“娱乐产业之创新核心地”，Rockwell Group 精准地把握住了这一点，在设计过程中循着“创意、创新”这一条线索，为 NeueHouse 这家初创公司的新办公空间注入了源源活力。

楼内空间多用到白色大理石及冷色调金属，与其原有的饰材如粗砺的混凝土墙板、抛光的混凝土地面以及暴露出来的结构细部形成对比。而摩洛哥地毯的使用也恰到好处地回应了空间内反复重现的抽象几何元素，于是，那些过度的冷峻、严肃之感便在织物特有的柔软细致里被消解掉了。

大楼共 7 层，从底层至三层空间较为开放，设置有接待大厅、咖啡吧、休息区、半开放式会议室等。底层还容纳了一家餐厅，餐厅内定制的长软凳、枝形吊灯以及 Poltrona Frau 的座椅可说是一大亮点。同时，特别定制的玻璃橱柜也相当吸睛，一方面既可作为隔断使用，另一方面在橱柜内展示的往昔 CBS 工作室的工艺品，也向人们诉说着这栋大楼的过往。而三层的露台也极具吸引力，露台空间开阔，有开放的休息区，有私密的小房间，甚至还配有小型的会议空间。自四层以上，空间属性则愈渐私密起来，四层、五层设置有更私人的办公空间，且这两层休息区的氛围亦更加亲切温馨。六层（即顶层）设置有宽敞的董事会空间，装饰风格尽显精致奢华。而在此层还设有一间私人休息室，穿过休息室后，即可到达屋顶露台，可将洛杉矶之繁荣景象尽收眼底。END

1 具有历史感的楼梯

2.6 私享办公空间

3 办公空间外走廊

4 三层接待大厅

5 四层接待大厅

reMIX 工作室－茶儿三号
REMIX OFFICE

资料提供 | reMix

建筑设计	reMix
类　型	四合院改造
规　模	240m²
地　点	北京
竣工时间	2015年

1 内部空间

2 设计方案与实景

3 改造过程

茶儿三号是 reMIX 在大栅栏更新计划中的第三处四合院改造项目，而这次则是作为我们自己的设计工作室。

场地最初是一个由南房、北房院落组成的南北向合院，其房间木构架的形制保留完好。

在二十世纪六七十年代快速工业化的潮流中，一些小型工厂在胡同区域中建立起来，多将院落加顶以最大化室内空间，适应轻工业的空间需求，这里也不例外。原有院落上方由 8m 高木质屋架覆盖，整个地块形成由中间高、两边低、三个坡屋面组成的空间序列。

北房内部分成四个小间，其南立面仍保留原先的门窗，而南房的北立面则已被改为一堵实墙。南北房中支离破碎的平面分隔导致自然通风采光的不足，并不允许灵活的室内布局。

我们的改造从拆除所有的吊顶及非承重墙开始，并紧接着对清理后的结构进行了新一轮的测绘和勘察。东西侧墙外包裹的石膏层被剥离开来，裸露出斑驳的青砖墙。

我们对建筑表皮的干预是修复性的，并必须严格遵守原先的轮廓。从木材的截面可以清晰分辨出其建造的时期——圆木属于原有结构，而方木则是工厂时期的加建结构，我们最大程度地保留了所有的木结构，并在个别局部采用不同的金属构件加固。此外，在屋面及地面都增加防水和保温层，并安装地暖设施，使用导热性较好的素混凝土地面。原先三个屋顶体量之间所形成的天沟导致其相邻墙面因长年的潮湿完全腐朽，因而亟待重建，并将原有的带状高窗替换为热工性能更好的双层中空玻璃。

室内空间的干预则主要包括增加一个具有独立结构的钢结构夹层，南房北面的玻璃隔断和一系列的嵌入式家具。

从功能布局上，缺乏自然通风和采光的北房承载所有的服务功能（卫生间,厨房，储藏和模型车间），在阳光充足的南房布置了会议室和一个可独立使用的办公单位，而中间两层通高的空间则作为开放的办公 / 展览区。夹层是另一个较为独立的办公区，地面的铺装采用金属格栅，既可对其下方空间采光通风的影响趋于最小化，又可在灯光下形成具有戏剧性的光影效果。

改造后的空间布置不仅使得各功能区域间获得更丰富的视觉交互，也产生了一定的灵活性，为多种场景下的功能布局提供可能。

在旧建筑原有结构状况较差而整个工程造价极为有限的情况下，我们有意识地包容和保留各种历史遗留的结构和空间不规则性和“不完美”。从材料上，我们亦试图创造混凝土与钢的“粗糙”质感与白色墙面及家具的“光滑”之间，木结构及青砖墙的“温暖”和玻璃隔断的“清凉”之间的有趣的对比与对话。END

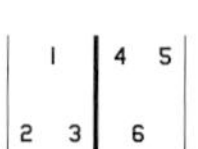

1-3 工作区与公共区
4.5 空间细节
6 光影效果

主题

大上海小办公室中的差异世界

SMALL OFFICE IN SHANGHAI

摄　　影 | 侯志威
资料提供 | 夏慕蓉

地　　点 | 上海
设 计 师 | 夏慕蓉、李智
面　　积 | $50m^2$
竣工时间 | 2015年

1.2 室内
3 轴测图

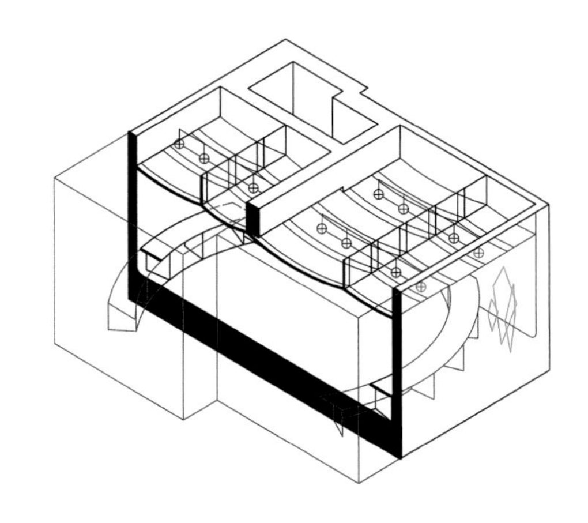

在接受这个办公空间改造设计委托时，我们意识到最大的挑战在于如何找到合适的方式介入这个一片空白的现状。场地藏在上海闹市区的一个普通住宅小区里，建于1990年代初，适逢城市大规模建设方兴未艾，与老上海巷弄式的住宅类型早已断了联系。在功能上，并没有预设的使用者，改造后的空间将以联合办公的形式向外出租。在这里，任何预设的思考和先验的经验都不再适用。

于是，我们求助于古人造园的方法。造园不在乎场地，可于市井也可于山林，院墙围合之内便是一方净土；造园亦不在乎功能，不论《园冶》中所详述的种种条例或技法，造园首先是一项精神活动，是为自己的身体和灵魂创造一个可以栖居的差异的世界。于是，我们决定在这个50m^{2}的空间内造一个抽象的园，这里有光、有云、有院、有景。

我们希望“邀请人们去参与一个假定世界的意识和经验”。

我们在空间中置入两个元素：一个圆和几段连续的弧。圆，中心性最明确的几何图形，将两个房间在视线上连为一体，并在行为上给出一个明确的汇聚点。圆与方之间产生的间隙自然作留白的处理，借鉴文人园和文人画的技法，在物与物、物与边界之间留一点空，作为意犹未尽的延伸。几段连续的弧是对空间剖面的设计，强烈的方向性和连续的视觉效果将两个房间联系为一体，又创造出天幕或是流云的效果。

我们希望运用抽象的几何元素创造一个诗意的空间形式。尘嚣之下，一个差异的世界，这是我们发出的邀请和祝福。END

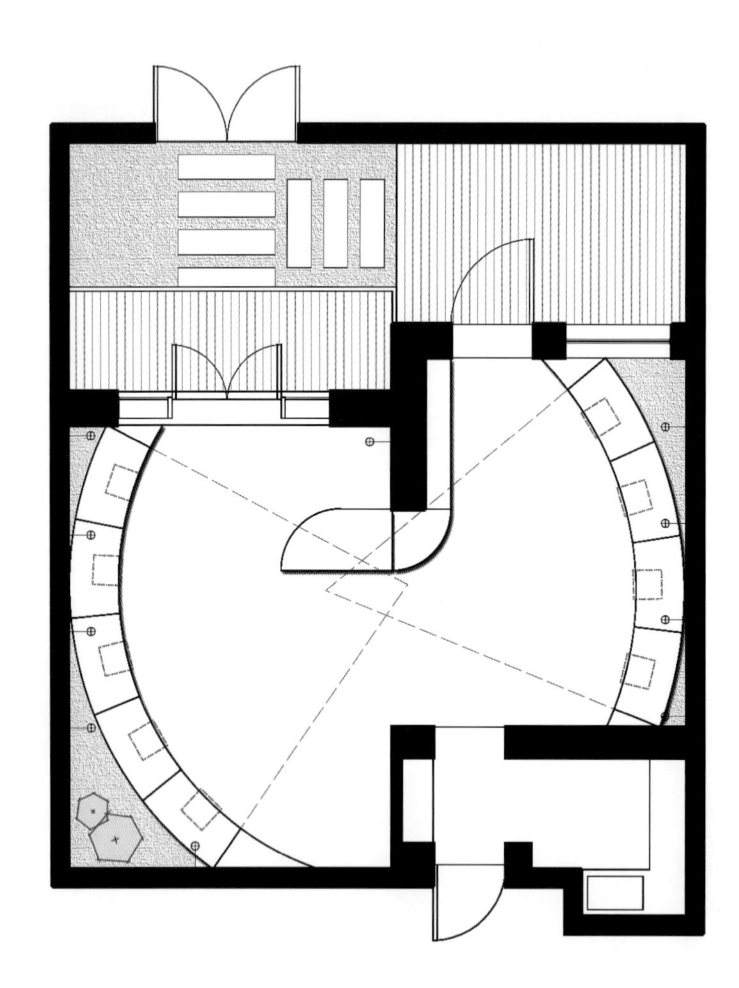

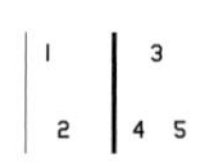

1 平面图
2-4 各角度
5 细节

壹舍办公室
ONE HOUSE OFFICE

撰　文	方磊
摄　影	Peter Dixie（洛唐建筑摄影）

地　点	上海
面　积	480m^2
主设计师	方磊
参与设计	马永刚 、耿一帆
家居设计陈列	方磊、李文婷
主要材料	拉丝不锈钢镀黑钛、杉木板染黑、自流平、锈钢板
竣工时间	2015年

1 入口
2 活动区看向会议室
3 平面图

在生物学中，人的细胞平均七年会完成一次整体的新陈代谢，也就是说七年代表一个新生。One House 壹舍设计正值第七个年头，七年来我们一直在探索设计，建立了明确的风格，并试图为设计寻找属于它的定义。然而，当我们迎来第七年之际，在新办公室的设计中，我们却发现无法为“设计”找到最准确的定义。或许，只有竭力还原空间的本质，才能更好地诠释设计的真谛。

新办公室的设计之初，我们本着向设计致敬的初心，抛开了一切华而不实的装饰，以求保留建筑最本真的空间属性。在这样一个过程中，壹舍 One House 迎向了蜕变和新生。基于路易斯·康的“设计空间就是设计光亮”，我们在空间设计中充分利用自然光，有效结合了建筑的几大景观面；当阳光穿越 LOGO，光线形成的虚影赫然出现在墙面上，随着时间的推移，LOGO 光影出现在入口的不同方位。这让我们不禁感叹设计的神奇，然而，真正改变空间的是自然光。光以自身独特的语言塑造了空间的性格，由此烘托出不同的氛围，使空间存在的每个瞬间都化成永恒。赖特曾说：“我们从来不在山上造建筑，而是建一座属于那座山的建筑。”一句简单的话，却可见他对自然的尊重。同样地，我们也并不想只是在建筑里辟出一块室内空间，我们真正想做的是打造出属于这栋建筑的室内空间！于是，我们保留了建筑原有的结构和材料，不再粉刷、或是装饰。结构层混凝土原本的质感，直接呈现出了建筑材料真实的面貌。

在空间设计中，我们用极致简洁的木质黑盒子来划分办公区域，干练的线条搭配粗犷的混凝土材质，在大面积落地玻璃窗的映衬下，一切不再是冰冷凝重，整个空间在视觉上更显通透。整体空间以黑白为基调，看似色彩单调，然而，四处点缀着的小细节却为空间增加了盎然生机。就如柱面上独特工业感造型的 serge-mouille 壁灯、生气盎然的绿植、散发着暖白色光线的 Edison 灯泡，这些元素虽小，却趣味十足。

在设计界有流传甚广的一句话：设计留存下来因为它是艺术，因为它超越实用。而我们则认为，美感与功能可以并存，使空间功能多样，又赋予空间个性，才是真正的设计。譬如，大型双扇移门划分餐厅与会议室，可自由闭合，使两个空间既相对独立，又互相连接，满足公司内部小型活动与会议的不同功能需求；亦如在动线末端所划分出的休息区域，闲暇之余员工可在这里沟通交流或是阅读小憩。

设计的道路也许任重道远，尊重建筑，还原空间本质，赋予设计灵魂，是我们对七年探索之路的总结，也是我们从事设计最本真的初衷。END

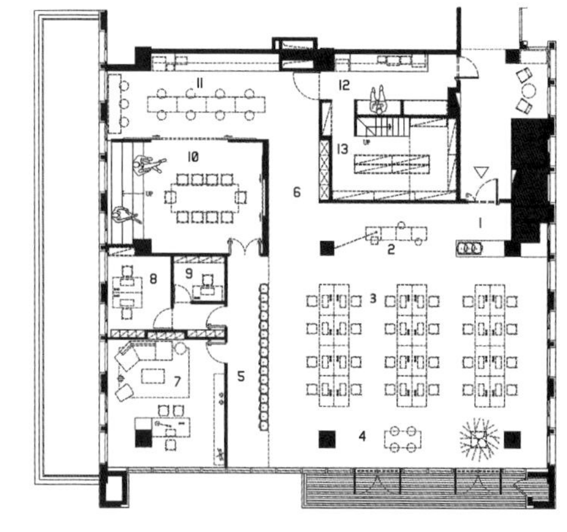

1 主入口
2 前台接待
3 办公区域
4 讨论区
5.6 过道
7 经理办公室
8 办公室
9 财务办公室
10 多功能室
11 餐厅
12 业务汇报区
13 材料室

1	4 5
2 3	6

1 公共办公区
2 过道
3 接待区
4 通道
5 接待区
6 总经理办公室

“做建筑师最大的梦想，
是自己设计的房子
能雅俗共赏，
云夕深澳里落成后
村里老少都非常喜欢，
这是前所未有的经历，
我感觉非常有成就感。”

——张雷

莪山实践

ESHAN PRACTICE

云夕深澳里书局
RURALISATION-SHENAOLI LIBRARY

撰　文	马海依、王铠
摄　影	姚力、张雷联合建筑事务所
资料提供	张雷联合建筑事务所、甲骨文空间设计机构

地　点	浙江桐庐县莪山乡戴家山村
项目功能	社区图书馆、咖啡馆
建筑面积	733.25m²
设计单位	张雷联合建筑事务所、甲骨文空间设计机构
合作单位	南京大学建筑规划设计研究院有限公司
主持设计	张雷
设计团队	马海依、方运平、吴冠中、任竹青、杜月、冯琪
设计时间	2014年
建成时间	2015年10月

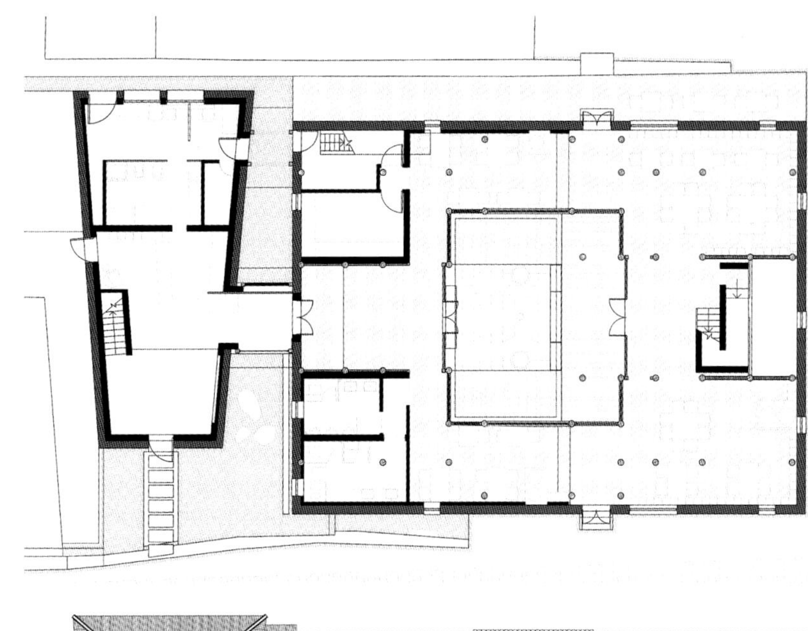

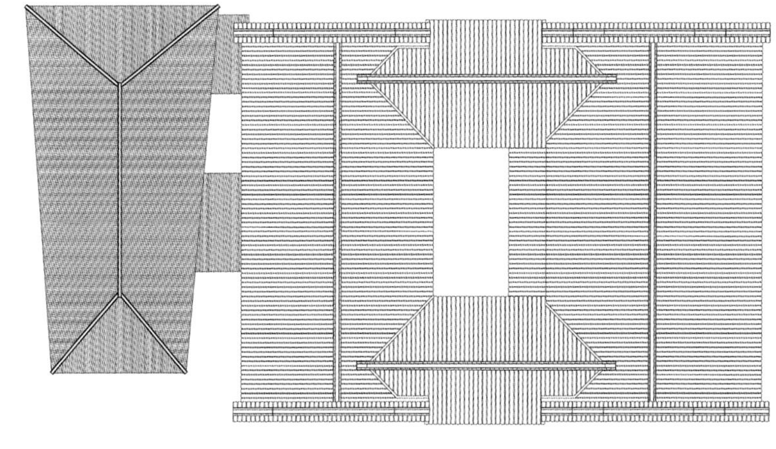

1 入口小广场俯瞰
2 一层平面
3 屋顶平面
4 基地平面

云夕深澳里的所在地杭州桐庐江南镇深澳古村始于申屠家族的血缘脉络，有着1900余年的悠久历史。古村毗邻桐庐县城，距杭州仅半小时车程，村中独一无二的地下引泉及排水暗渠（俗称“澳”，深澳因此得名），和40多幢明、清古民居目前仍保存完好。设计的初衷是营造一个让村民有归属感的开放场所，考虑到村里有书的家庭不多，社区图书馆的建造成了最好的选择。

项目的主体是村中清末古宅景松堂。从外立面看，老房子的历史痕迹得到了凸显——墙面上修补的印记都被保留，墙体下部残破的部分也未被简单粉刷，而是有意识地将原来的鹅卵石暴露出来并刷白，为的是还原其历史的真实性。这种对老房子和历史的尊重，也作为价值观贯穿项目的始终。

景松堂的格局是江南民居典型的“四水归堂”。改造前，里面共住了六户人家，房子被隔成许多小房间，公共部分还是私人场所，每户人家对于财产的界限分得非常清楚。由于图书馆大空间的使用要求，改造过程中需要拆除一些木隔板，而改造完成后在地上画出的红线也正是为了示意原有木板的位置，即原来每户人家的分界线。这些红线向原住民的后代清楚交代了长辈们曾经生活过的老屋所在，同时也意外地成为空间中的时尚元素。

由于老房子本身空间元素的丰富性，在处理内部空间时也是先谈尊重，后谈设计，通过加入最小最少的新元素，让老房子好用，保持老房子质朴的气质。其首要任务就是在尽量保留原建筑历史形态的前提下，以现代的材料和设备解决舒适性的问题。例如在原有透空的木质花格窗内侧加装一层玻璃，优化了房屋的保温隔热性能；原来开敞的过厅明堂被巧妙改造成了内部空间，解决了老建筑的采光问题。屋内的六个土灶有三个被完整保留并连锅盖一同刷成白色，原本不起眼的日常用具就这样成为了空间内的艺术装置。将损坏的东西整修好之后，设计更多地借助向上投射的间接灯光表现原建筑的节奏美感和木雕细节。

入口的门厅是原址重建的部分，原本一层高的猪圈。设计者将原有猪圈的鹅卵石收集起来又增加了一些量，建成一个两层的房子，以人工的方法把鹅卵石之间的缝勾好，最后用白色的涂料涂刷表面。这个用原生材料和建造技术打造出的新体量，看起来足够新，但其质感又与老房子一致。门厅内部是一个纯白的现代空间，它与景松堂以一条玻璃连廊相连接。新房子、老房子，其实是共同存在的一栋建筑，因为有了新房子，人们看老房子有了新的视角，反之亦然。整个项目的设计选择不用现代去掩盖过去，反而希望以现代为一种工具和手段，将传统建筑的美感重新引入人们的视线。而所谓的设计感也正是通过这种新和旧的关系被体现出来。END

1 沿街巷东立面

2 东厢房改造的阅读区

3 明堂改造的楼梯厅

4 西厢房改造的阅读区

景松堂

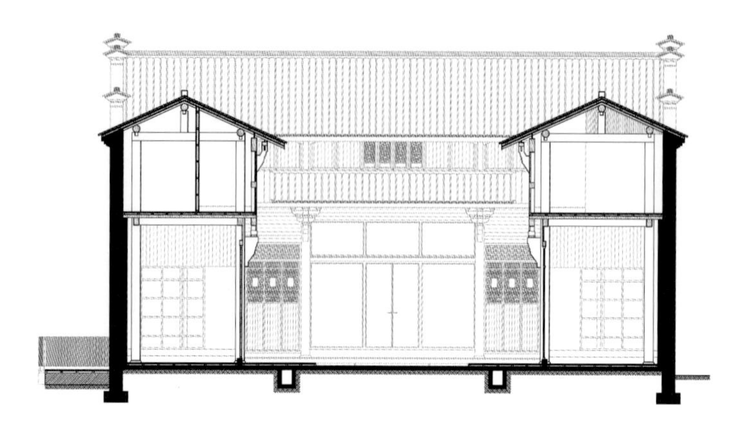

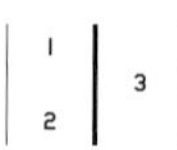

1 剖面图

2 天井俯瞰

3 天井与明堂

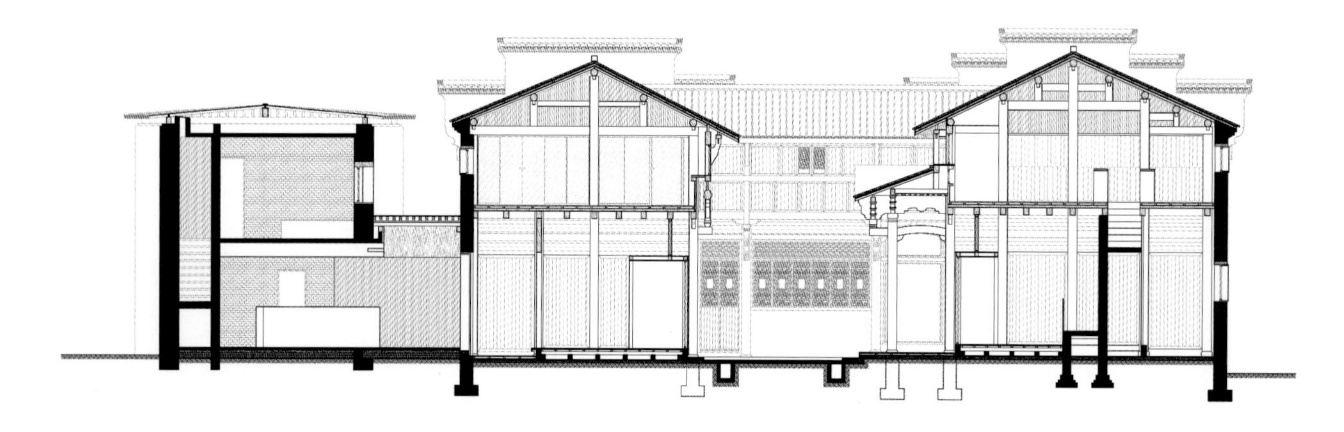

先锋云夕图书馆

LIBRAIRIE AVANT-GARDE, RURALISATION LIBRARY

撰　　文　马海依、王铠
摄　　影　姚力、张雷联合建筑事务所
资料提供　张雷联合建筑事务所、甲骨文空间设计机构

地　　点　浙江桐庐县莪山乡戴家山村
项目功能　公益图书馆
建筑面积　260m²
建筑业主　先锋书店
设计单位　张雷联合建筑事务所、甲骨文空间设计机构
合作单位　南京大学建筑规划设计研究院有限公司
主持设计　张雷
设计团队　刘玮、马海依、方运平、陈隽隽、张其琳、邵璇
设计时间　2014年
建成时间　2015年10月

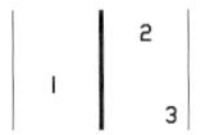

1 院子和连廊
2 全景俯瞰
3 基地平面

桐庐先锋云夕图书馆位于浙江桐庐县莪山乡戴家山村，是先锋书店开设的第十一家书店，项目凭借“先锋和书店”的文化传播理念，以及独特的“畲族”山村的地域自然人文景观背景，成为当地村民和“异乡读者”的公共生活纽带，也是地方文化创意产业的一个聚焦点。

图书馆的主体是村庄主街一侧闲置的一个院落，包括两栋黄泥土坯房屋和一个突出于坡地的平台。建筑设计保持了房屋和院落的建筑结构和空间秩序，将衰败现状修整还原到健康的状态，新与旧的关系强化了“时间性”，土坯墙、瓦屋顶、老屋架，甚至是墙面上村民插竹竿晾晒东西的空洞，这些时间和记忆的载体成为空间的主导，连同功能再生公共性，共同营造文脉延续的当代乡土美学。

为适应图书馆新的功能注入，最为关键的设计操作是屋顶抬升策略。支撑屋顶的建筑内部梁柱框架整体加高了约60cm，利用这个高度形成了高窗的构造，光、气流以及优美的竹林景观被自然地引入室内阅读空间。屋架抬升得以实现主要依靠的是地方工匠娴熟的传统技艺——用巧妙的榫卯技术加长局部的柱子，与此同步进行的还有小青瓦屋顶的翻新，在望板之上附设的保温构造，大大提高了老屋的热工舒适性。在建筑外部，原封未动的土坯墙和青瓦屋顶由于侧面高窗的存在，显示出封闭而开放，厚重而轻盈的戏剧化效果，在修整的室外景观和照明设计衬托下，形成村落温和的景观焦点。

连接主屋和偏屋的透空木格栅连廊，除了强化改造后图书馆和咖啡厅的功能联系，同时重新界定了室外空间细腻的体验序列：连廊之前是紧凑的前院，其后则是室外阅读和观景平台。在室内，通高的透空书架是空间划分的主体，一层北侧尽头更是一面高达6至7m书墙，“书”这一空间中最主要的元素也因此得到了强化。图书馆正入口位置的二层楼板被局部掀开，露出木制横梁，连同楼梯井共同定义了一个宽敞的挑高门厅，中和了老房子可能有的空间局促感。而楼梯旁的一台畲乡织布机则以一抹红色点亮了空间，增强了趣味性。东侧咖啡馆内，新建的楼梯运用的是混凝土、石膏板和玻璃这样的现代材料，并尽量弱化其形式感，以新衬托老，以光滑衬托粗糙，以工业化衬托手工感，结合灯光处理，使老房子斑驳的黄土墙和弯曲的木屋架成为空间的主角。

老房子改造的另一挑战在于如何巧妙解决设备问题，在保证现代功能所要求的舒适性的同时，又不打扰原建筑的结构美感：考虑到原有土坯墙较为脆弱，避免打孔，于是木地板踢脚的高度被增加到20cm，以便走线和安装插座。所有的空调管线也都采取顺原木屋架走势明敷的方式，尽量弱化成为老房子内消隐的背景。END

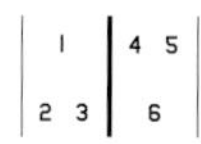

1 主街街景透视

2.3.6 图书馆内景

4 二层平面

5 一层平面

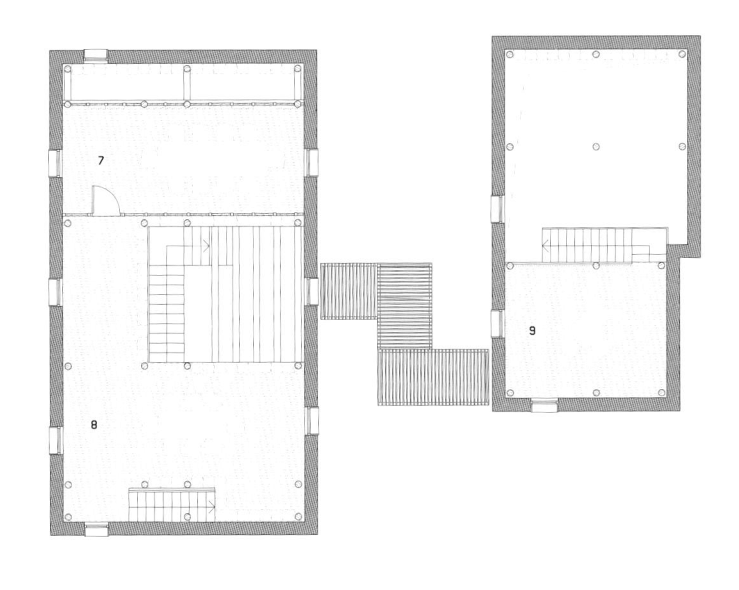

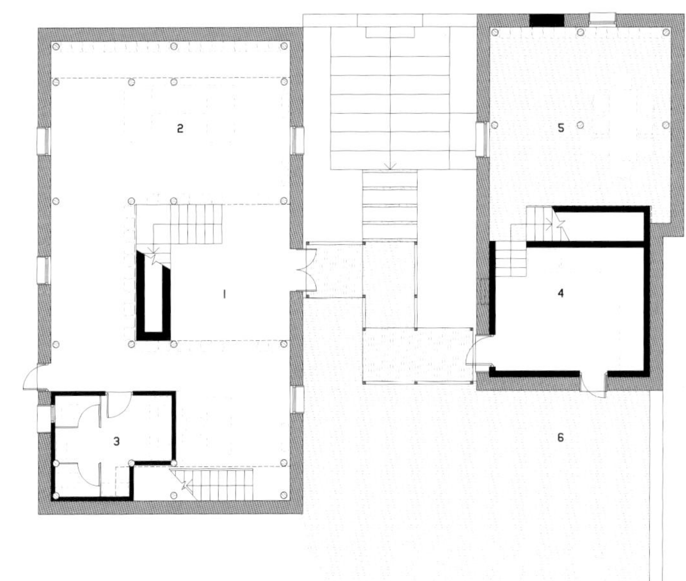

1 图书馆门厅
2 阅览室
3 卫生间
4 咖啡厅门厅
5 咖啡厅
6 室外露台
7 会议室
8 阅览室
9 咖啡厅

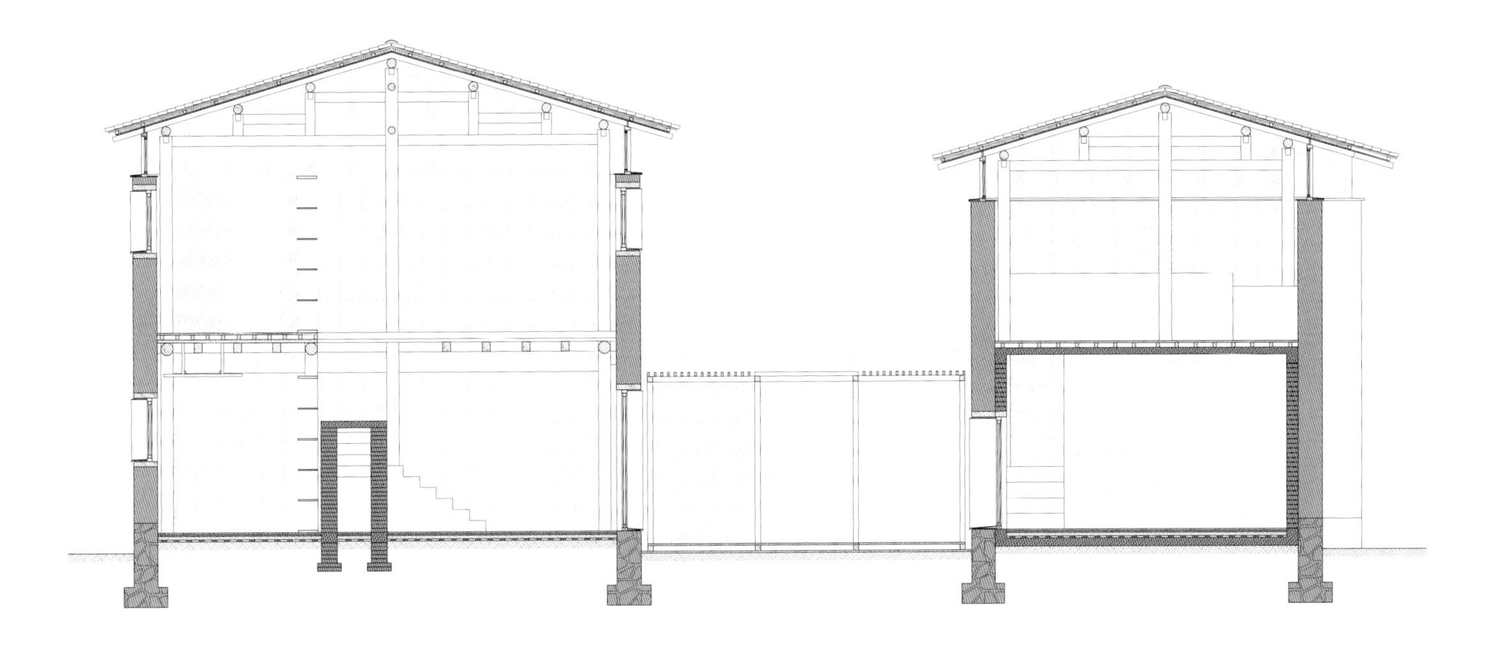

1 咖啡馆室内平台

2 剖面图

3 竹林远山进入图书馆

云夕戴家山乡土艺术酒店

RURALISATION-DAIJIASHAN LOCAL ART HOTEL

撰　　文　马海依、王铠
摄　　影　姚力、张雷联合建筑事务所
资料提供　张雷联合建筑事务所、甲骨文空间设计机构

地　　点　浙江桐庐县莪山乡戴家山村
项目功能　酒店
建筑面积　600㎡
设计单位　张雷联合建筑事务所、甲骨文空间设计机构
合作单位　南京大学建筑规划设计研究院有限公司
主持设计　张雷
设计团队　刘玮、马海依、方运平、陈隽隽、吴冠中、何盛、刘莹、邵璇
设计时间　2014年
建成时间　2015年10月

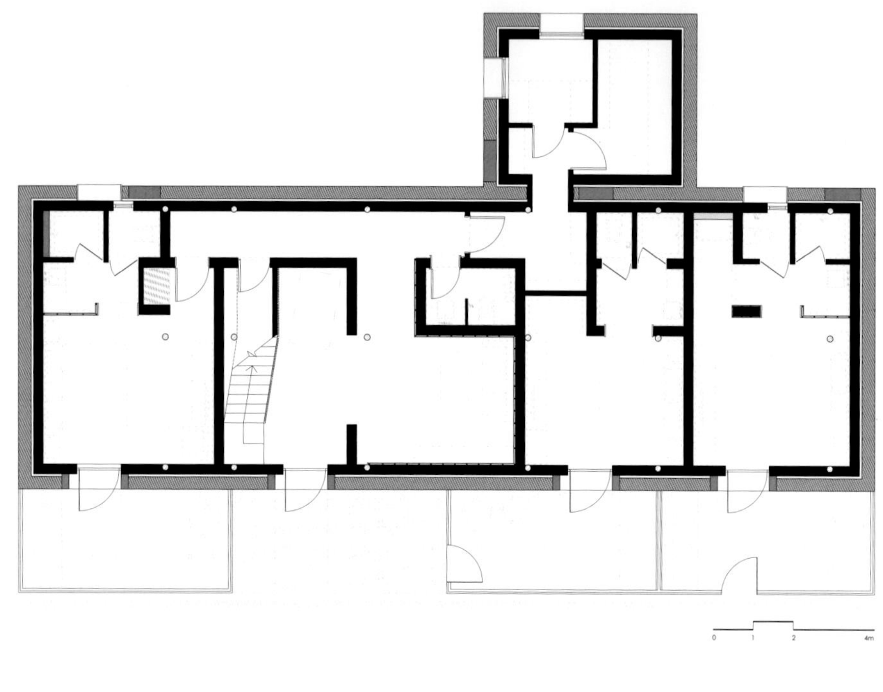

1 主楼一层平面

2 主楼二层平面

3 总平面图

4 通向独栋客房的石子路

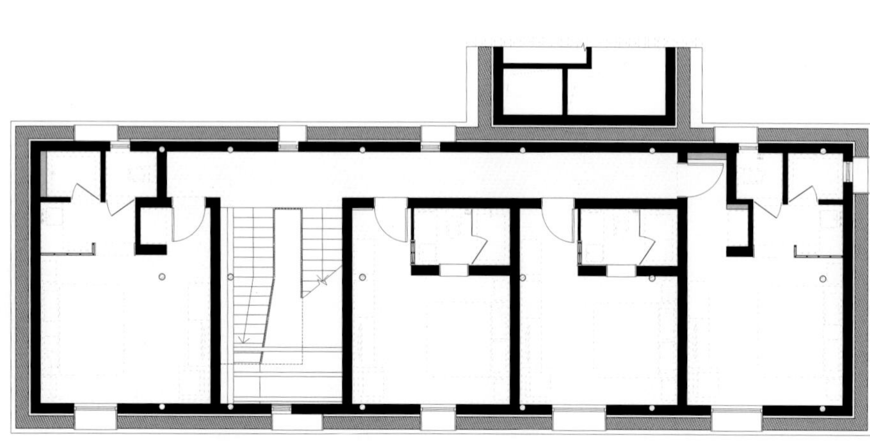

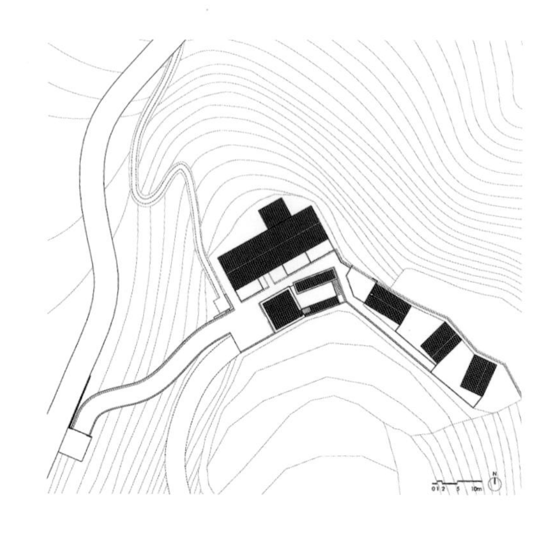

桐庐云夕戴家山乡土艺术酒店位于浙江桐庐县莪山乡戴家山村，是以一栋普通畲族土屋改造为主体的“民宿”，同时也是具有现代化酒店设施和服务的“乡土艺术”精品酒店。

酒店主体的原形是游离于村庄之外的一个闲置农舍，由背靠缓坡朝向山谷的一栋南北向黄泥土坯房屋和一个突出于坡地平台的石砌平顶小屋构成。畲族土坯房屋在空间的建造类型上可以看到客家与汉族传统民居的影响——厚达 40cm 的碎石夯土墙是维护结构稳定的要素，其较少开洞的特质体现了封闭性和防御性，而内部的梁柱木屋架系统则为空间组织提供了一定的灵活性（屋顶和楼板是相对独立的）。改造设计因功能需要清除了土屋内部的两道夯土隔墙，并将屋顶抬高一层，将内部空间重新划分，这在很大程度上会减弱结构的整体性。针对这个问题，最终的设计选择是在夯土和木框架之间加建砖混结构墙体和楼板，使原有的夯土、木框架和新建的砖混墙体即楼板形成“三重结构”的体系，不仅体现了地方传统建筑的内在特征，获得了由新建砖混结构提供的可靠性和舒适性，也保留了原有木楼板、木框架和夯土墙空间的美学及历史文化价值。在土坯房改造后的一层走道内，通过新砌砖墙上特意留出的裂缝可以看到黄色夯土墙体的原貌，结合灯光效果，以框景的手法再次凸显了老房子那时间沉淀下的美。

原有的石砌小屋及其厨房的功能被完整保留，旁边新建餐厅的柴禾立面缘起自最初来到基地老宅前拍摄的一张柴垛照片，屋顶扫帚围栏的 300 多把扫帚也由莪山当地农户用自己种植的扫帚草绑扎制作而成。柴禾墙和扫把栏杆实际上延续了乡土聚落独特活力的物质循环方式：柴禾墙面是酒店壁炉取暖的材料储备，需要不断补充，而扫把这类易于老化而廉价的地方材料需要不定期更换，这样的物质循环将不断地激活建筑和原住村民生活的联系，从而使建筑真正融入乡土文脉。

酒店的内部设计并没有刻意采用装饰元素，更多的是向历史、向乡村及民俗文化的借鉴与致敬。老屋内原有的风车、桌椅、坛罐和竹织物在改造前就被有意识地收集起来，在改造后又以软装或装置的方式呈现；客房床头的红布彩带、卫生间内的马赛克和入户隔断的图案也都取材于畲族文化的符号纹样。这些元素共同营造出一种“熟悉的陌生感”，再次激发游客的好奇心和村民的自豪感。

值得一提的是，在土坯房入口楼梯一侧专门设有一个以建造过程为主体的展厅，陈列老屋原貌、施工过程照片以及设计过程的模型和设计师草图等资料，其中凝聚的地方工匠的智慧与辛劳令到访客人由衷赞叹。

在老屋改造的酒店主体南侧，顺应山体延伸出的带状场地，三个新建的独栋客房延续了同样材料和空间逻辑。END

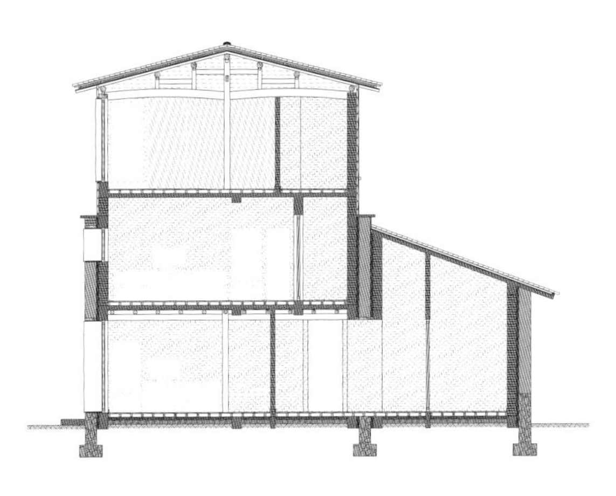

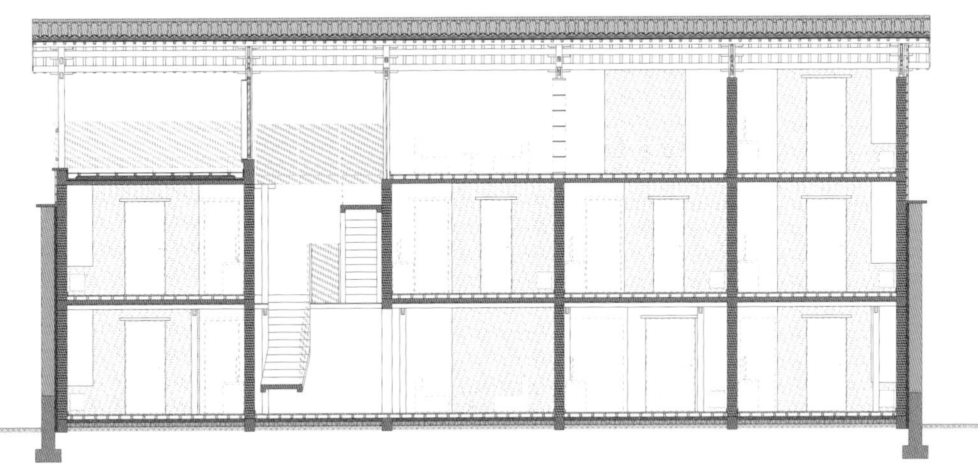

1 主楼南面局部

2 主楼剖面

3 主楼楼梯间

1 主楼三楼看接待厅

2 别墅客厅

3 接待厅入口

中国现代家居设计的启蒙——"设计上海"观感

撰　文 | 方海（广东工业大学艺术设计学院教授、博士生导师）

今年3月9号至12号，"设计上海"给上海家居界、设计界、建筑界、时尚界带来久违的春意，展馆12个入口周围如节日一般，排队的长龙早与法国卢浮宫和西班牙普拉多博物馆相仿,加上浓郁中国特色的"黄牛"票务团伙的活跃穿插，更为该展览平添一层神秘与期待。

改革开放三十年来，中国家居及设计业确实已有长足的进步，尽管与欧、美、日发达国家相比仍有明显的距离。设计时尚的潮流是任何力量都无法阻挡的。任何国家，无论如何封闭，无论封闭多久，最终必然融入国际时尚的洪流当中，走向世界的中国设计界从来没有停止与全球交流的节奏，今年由英国Medio 10展览公司策划主办的"设计上海"就是中国设计界与世界接轨与交流的一种最新尝试。

1. 国际品牌介入中国

曾几何时，我们感叹中国业界对国际品牌品质的迟钝和麻木，尤其当我们知道并看到日本、韩国、台湾（地区）、新加坡等一批艺术与设计收藏者的个人力量建立起庞大的现代家居和工业设计产品的系统收藏时，我们心中不禁呼唤：中国大陆的品味藏家何时出现？如今的中国终于迎来了一批这样的商家和藏家。也许，中国大陆还没有个人收藏超过九千件北欧家具经典作品的博物馆级藏家，但在今年的"设计上海"展上已亮相了一批收藏并经销北欧及欧美经典家具、灯具产品的民营企业。他们几年前已开始通过各种渠道接触并引进欧美经典家具及灯具品牌，并迅速赢得中国市场份额，他们的客户不仅有姚明、刘翔、徐静蕾这样的影视和体育明星，还有马云、王健林、任正非这样的知名企业家，以及联创国际、中建国际等大型设计机构，更有广大的、越来越多的普通个人客户。展会上每天人山人海的盛况让人们认识到中国民众对国际高端品牌的渴望和支持,以及随之产生的深不可测的市场潜力。

意大利的老资格家具品牌卡西那（Cassina）在展场雄踞最显眼的场地，为人们带来诸多设计史上的经典作品，如建筑大师柯布西耶的可调节式躺椅、意大利大师莫里诺的休闲沙发、日本设计大师喜多俊之的多功能阅读椅，以及各种相应的条、柜、架格系列，让中国广大民众零距离接触、体验、学习这些经典杰作。德国的品牌维特拉（Vitra）展位紧靠卡西那，为观众带来更多的现代经典品牌，其中最引人注目的就是一系列伊姆斯家具作品了，高校的师生对这些经典大师的品牌产品拥有更浓厚的兴趣，因为此前的书本信息与实际形象大多是脱离的，只有当你用自己的身体全方位体验一件家具时，才能保证你评价该产品的权利。

然而，就国际大牌设计产品而言，真正引起轰动的倒是主展厅正中央的北欧家具展区，人们被展区中那批如雷贯耳的设计珍品深深地吸引着，以至于人流总是在这里长时间阻塞。雅克布森的沙发、瓦格纳的圈椅、芬·居尔的休闲椅、艾洛·阿尼奥的儿童椅系列等等，对人们的心理及视觉观感形成非常强烈的冲击，真正从根本上颠覆着中国设计界、建筑界、时尚界长期以来对设计的传统理解。国际品牌当中的诸多新贵也从来不会忘记中国的巨大市场，如著名建筑师扎哈·哈迪德的限量版桌椅系列在广场中也非常吸引眼球，几十万元一套的实木桌椅始终不乏询价人群。哈迪德的碳纤维靠背椅也为观众带来别样的惊艳，每件近十万元的售价可能吓退大多数观众，但设计师的艺术创意和对材料的科学体验对中国大众的教诲是发人深省的。

当然，与国际著名的家具展如米兰展、斯德哥尔摩展、科隆展相比，"设计上海"的展会顿显片面和单调，经典品牌数量有限，展位设计仓促而混乱，大量中小型国际引进设计品牌中更多的是所谓"奇奇怪怪的设计"，它们或许会为中国设计师带来被别样的灵感，或许也会误导中国设计师的思维理念。但重要的是，中国的设计界和普通观众能够看到、摸到、体会并感悟到更多的设计风尚。

2. 中国设计师大胆亮相

与国际几大著名设计展会相比，"设计上海"的展场非常袖珍，但也被赫然分为六大展区。其中尤其吸引眼球的是上文提及的的国际经典品牌展区和本节将要介绍的中国新锐设计师作品展区。随着中国总体经济实力上升和越来越不容忽视的国际影响力，国内外有关机构早已开始关注中国的新锐设计师群体。面对国际经典品牌的强大设计气场，中国的新锐设计师们在各方势力的支持下以各种方式大胆亮相了。

凭借东道主的地位和优势，中国的新锐设计师们占据着展场的显著位置，吸引着国内外的大量观众，引发了不同的话题。无论如何，他们的产品正代表中国当代设计的一支力量，虽然其中充满着实验因素和不成熟印象，但毕竟是一种宣言，宣告中国设计师的在场与参与。他们当中有海外归来的工业设计师对中国传统技艺的探讨和效仿，有中国本土设计师对国际经典设计的临摹和改良，更有一批建筑学院的教授和国家建筑设计院的建筑师们对设计家具的热情尝试。这是一般潜在的设计能量！一万年前的欧洲设计革命就是由一批建筑师主导并引发革命性成果，谁能否认当今的中国同样会出现一批划时代的建筑与设计大师呢？

遗憾的是，我们的新锐设计师们，在展示着他们的新锐设计产品的同时，也积极暴露着种种问题和不足。他们的大多数产品都展现出对艺术追求有余而科学分析不足，对传统造型的关注有余而对本土的工艺传承不足，积极于迅速成名的热情有余而对潜心于踏实工作的恒心不足，对大体量的美学欣赏有余而对细节的设计体验不足。于是，我们的青年设计师们在访谈中时常会谈及非常宏大的设计主题，而这些主题往往需要一个设计师用毕生的设计实验才能体悟清楚。同时，我们的新锐设计师展场中的多数产品都属于“不可触摸”，如果回想宜家商场中人们对任何产品的全方位体验，人们就会立刻认识到这些“不可触摸”的产品实际上早已丧失设计的意义。然而，更为严重的情形是这些新锐设计师的产品中还有一批“危险品”。这些“危险品”完全忽视了基本的设计准则和人体工学原理，因此可以轻易伤害使用者。以上谈及的问题都有待于学习和改进。

与此相对的是，有一批中国当代艺术家的设计转型颇为引人关注，其产品在引领时尚的同时亦能深入发掘中国的传统工艺技法，从而满足中国民众的日常生活之余的另一维度上的精神需求。展场中大量出现的现代玻璃和陶瓷设计、塑料与皮革设计，木材与金属设计等等都从艺术和技艺的层面对传统文化进行有益的回应。但作为人类家居文化主体的家具设计远非如此简单！正如现代建筑大师密斯和阿尔托反复告诫大家的：与建筑设计相比，家具设计更为艰难。相信中国的广大建筑师和设计师们很快就能体会到大师的感悟，并从中吸取正能量，在以后的实验和设计中创造出符合“功能、坚固、生态、美观”为准则的作品。

3. 工艺和产品制作的全球化

几千年来，中国人的家居和家具理念都建立在本土的木结构榫卯系统之上。直到最近，中国与家具相关的教育体系仍大都设置在林业大学，因为除木材外的其他材料对家具而言，都是点缀性的配角。随着中国的改革开放和发展，金属、皮革、塑料、竹藤等多种材料纷纷以主角和配角的多样化模式进入到中国当代家具设计领域，地大物博的中国为所有的材料和工艺提供了生产的可能性。于是，中国迅速成为了“世界工厂”。而这种情形，在大幅增长GDP的同时亦带来巨大的资源浪费和环境破坏，在增加就业的同时亦带来非核心技能的泛滥，从而使中国长期处于低档次的发展水平上。然而，世界早已一体化，自然调节往往会自动转化国民经济的结构，劳动力和材料资源的分配时常改变着现代设计的市场面貌。而这方面的情形，也在相当大的程度上在“设计上海”的展会上被表现出来，中国作为“世界工厂”的面目逐渐减弱，“世界工厂”的分布也随时代而不断变迁，工艺和产品制作的全球化是“设计上海”最重要特征之一。

在展会上，有的企业用的是欧洲的设计，但制作在中国；有的企业用的是中国的设计，但制作在日本；有的企业以意大利设计为主导，其制作却遍及世界各地；有的企业以北欧设计为主流，其制作亦以北欧材料为基础。于是，我们在展会上看到核心技术源自芬兰的中国胶合板和竹制弯曲板，看到日本的陶瓷和漆艺，看到印度的铜器制品，看到东南亚的竹藤编织，看到非洲的木雕石刻，看到欧洲各地的传统及现代机械工艺……中国终于在某种意义上融入了世界，或者更确切地可以说世界各地的工艺融入了中国。

美中不足的是，中国本土的传统工艺基本处于缺席的状态，这实际上已经不是“美中不足”的问题了，这是中华民族传统设计精神衰落的明显信号。尽管有不少中国设计师始终在呼吁对中国传统技艺的发掘和保护，其结果仍然是人轻言微。中国发明了纸，但当今最好的纸业都在芬兰和日本；中国人发明了印刷术，但当今最发达的印刷都在欧美日；中国人发明了陶瓷和漆器，但当今最优秀的陶瓷和漆艺制品都在日本和韩国……中国在失去一些最重要的东西，而这些东西都是中国设计师的灵魂的组成部分。“设计上海”的展会已发出明确的信号，呼吁中国设计师积极汲取养分，并随时融入设计实践当中，在融入世界潮流的同时保留中华民族的优秀设计智慧。

远去的工匠人与崛起的设计师

撰　文 ┃ 叶铮

从前，农民百姓建房屋没有职业设计师的参加，有的只是各类工匠。看一看那些留存至今的传统村落,无不赞叹其优美如画，合理适宜，且手法成熟统一。因为从前如何建房子是有规有矩的，有规矩就是有观念，而观念产生的基础，是根植于时代及土壤的文化认同与传承。在一个具有认同与传承的文化背景下,许多事情只需按规矩操作即可，规矩所反映的观念或信仰，其最高形式便是审美认同。

不仅平头百姓造房子如此，诸多事物均有规矩可循。事物的外表终究只是内力的形式显现，而风格的高度成熟和认同，恰是文化统一、内力强盛的表现。从前那些工匠们，无需多加考虑风格一事，更无需刻意追求个性化创意，因为他们身处的文化背景已然提供了时代的答案，他们所关注的仅仅是技艺的日趋精湛，并将问题的发现与思考融入潜在的日常观念中，在漫漫岁月的发展磨练中渐臻完美，其间包括风格样式的锤炼，都是顺其自然，水到渠成的结果。充实而安详的文化环境，是盛产工匠的黄金岁月。

如今农村造房子，亦同样没有职业建筑师介入，但现实情况却悲催得多，农民房普遍形象丑陋滑稽，所以如此，是因为农民百姓失去了建房的普遍规矩，失去了对当下文化的认同，及由此产生的程式化操作，继而使我们如今的新农村“不知该如何建房”的现象比比皆是。传统的建造规式早已不适合如今的社会，而新的观念及建造规式却处在空缺状态，取而代之的是蒙昧和原始人性的直白,使得今天的农村普遍充塞着千奇百怪、又有失谦和协调的建筑形象，传统中国乡村的诗情画意不复存在。

正因时下造物缺乏统一的新文化背景和相应的观念规式，即时代的程式化行事规矩,个体才华与创造力就越加显得举足轻重。就建造而言,职业设计师的崛起与全面介入,成为我们这个时代不可或缺的内容，通过设计师的专业认知与个人创造力的开挖，欲以填补当下社会的文化空缺，归根结蒂是企图依赖设计师的角色，来挽回因时代精神虚空后，社会发展对新型审美原型空白的弥补。由此，设计师的社会地位空前，开始全面取代匠师阶层，于是乎设计师牛了，似乎成了创造者，成了造物者，更似乎成了扮演仅次于上帝的缔造者角色。因为,如尼采所言:“上帝已死”！

所谓上帝死了，非狭义上的理解，而是指人们内心神圣感的消失，由造物主开创的世间边界倒塌了。如今虽然科技与物质日益丰满，设计创意琳琅满目，精神世界却一片荒凉。没有内力的引领，外壳的形式也只是行尸走肉而已！

虽然职业设计师队伍迅速崛起的因素众多，除专业自身的自律性发展和城市化的扩胀,更有伴随着社会原有文化秩序的消失，现有文化背景的空缺等因素，进而导致集体大众内心迷茫，精神空虚。因文化迷失过后的空虚，使得“人从哪来，往哪里去”再次成为世人的迷惑。反映在各造物领域，“该如何做”，“做成何样？”成为持续困扰艺术圈和设计圈的问题。而在工匠时代，后一个问题是很难发生的。时代集体的失语，被转移到个体的创造与期望上，凡事凡物该呈现何种样式的命题，被丢给了当代设计师、艺术家们。

但设计师也好，艺术家也罢，所从事的仍然是对时代文化的形式外化，而非时代精神内力本身的缔造。企图以个体的创造天赋来回避“我从哪来，向哪里去”的问题，最终将导向为创意而创意的偏颇，导向内力枯竭的形式游戏。可以讲，时代的空虚，再次错误地选择了以个体创意来填补其时代空白的方式，致使今天的艺术家、设计师比以往承受更多的折磨与焦灼。

比较而言，不是工匠年代没有设计，而是与今天的设计在内涵上有本质的区别。工匠年代的设计，仅仅是将文化规式具体安排在特定的场所中，布置妥帖，纯属操作层面。当表现在建造领域时，其设计内容无非为空间布局，即今天的平面规划而已。匠师们无需自觉去形成一套设计造物语言，对视觉形象的原型规式创造，不属个体设计师解决的范畴，而是由社会文化及传统规式所提供。而现代的设计，则无法如从前一般，理所当然地套用传统规式，却又尚未诞生充分强大的现代视觉规矩，所以迫使现代设计人需自身建立一套造物语言，即体现审美原型的风格样式，而后才能进一步解决具体场所的各类问题。然而，造物语言往往非个体凡人所及，这是历史积淀的产物，是神的创造。

因此，今天的设计不同于以前的设计，分别体现在设计的广度与深度边界上，现代设计不仅要解答“如何做”，更要在解答“如何做”之前，解决“做什么样”的问题，这亦是由造物匠人到造物哲人的区别。此刻设计师被赋予神一般的边界，也承受着神一般的痛苦，世间只有极罕见的天才相对接近了这样的使命，在现代建筑史上，柯布西耶和路易斯·康便是凡尘中的代表。

记得 1980 年代初，我国绘画艺术界率先直面如此困扰文化界的问题，在刚摆脱“文化大革命”思维模式的惯性后，艺术家们突然面对一片前所未见的自由天地，开始疑惑起“画什么”和“怎么画”的问题，那时，之前的表现题材与表现形式已彻底不适应新的时代，艺术家在文化失重后陷入苦苦的探索和迷失，每一个画家需自己来回答“画什么”和“怎么画”的命题，而非时代现存的答案。这种迷失和探索远远超越了艺术家自身的边界，反映了时代精神失落后的文化焦虑与痛苦。那时声名一时的“星星美展”，即是这种在思想领域的痛苦呐喊！这呐喊也迅速影响了全国美术界。从传统艺术到现代艺术，继而开始尝试激进的前卫艺术，以至于闻名遐迩的浙江美院学生在现代艺展中的行为艺术事件，无不体现社会在突然失衡变形的文化背景下，所反映出来的内心焦虑和茫然。恰似那种张开嘴巴，却欲言无语的苦处。

而后的建筑、室内设计界也同样不例外。改革开放的城市化进程，使得建筑界亦相继发问，试图寻找一条当代中国的设计之道。但是，设计界终究不能成为上帝，至多是为上帝之子做一件合适的外衣而已，更何况许多时候，甚至连外衣都做不合宜，此间一切都起源于精神的失落，内力的消亡。时代文化背景已然被迅速支解，社会对审美原型的认同不复存在。

于是，时至今日都不难发现，建筑师、艺术家们开始越来越哲学化了，他们不是在寻求传统思想，就是在追随前卫理念，各类抽象玄奥的概念不绝于耳，似乎不思想深刻，就不是好的建筑师、好的艺术家。而这种思想又有多少是落地的呢?

在造物领域，一种思想，如未能最终成就出一套完善的符号、色彩、形态、肌理、空间等视觉样式，那么是否可以认为这种思想仍未见成熟，抑或在这片土地上还是一种矫情虚伪的存在！因为成熟的思想，往往能对应并孕育出相应的审美形式，即审美原型，并被世人所接受。

如今随处可见的创意产业园遍及大江南北，而真正的创意却存在于平凡的日常中，存在于根系大地的思想成熟与内心充实中。而目前如此神化创意的价值，恰恰是集体平庸的证明，平庸背后仍是因为空虚，以至于凡事凡物不知该呈显什么面貌！于是，让千千万万个艺术家、设计师去创意吧，事实上，因为空虚而不得不拱让更多的空间，欲以用无数所谓的创意来填空。于是，创意就沦为当下挖苦心思的煎熬和信念失落后的傀儡。

整体文化背景强盛的年代，是盛产巨匠的年代，更是能够诞生伟大创举的年代。这就是为何在多年前，我曾在《中国室内》的采访中讲：“没有设计师的时代，是美好的时代”，因为那样的时代是精神充实的时代。同理，社会越空虚，设计师越强大；内心越迷茫，创意业则更发达。而这恰巧又是一个设计师的好时代。END

高蓓：我现在对建筑师这份职业抱有更多的敬畏

撰文、采访 | 刘匪思
资料提供 | 美国优联加（中国）建筑设计事务所

ID =《室内设计师》
高 = 高蓓

高蓓：
美国优联加（中国）建筑设计事务所（UN+ Architects）中国总裁；曾任菲利浦·约翰逊理奇建筑事务所中国区总裁和主任建筑师；同济大学建筑学博士；出版博士论文《媒体建筑学》；2009年"少数人的旅行"詹姆斯·沃菲尔德个人摄影展策展人及同名摄影图文集的编译作者。

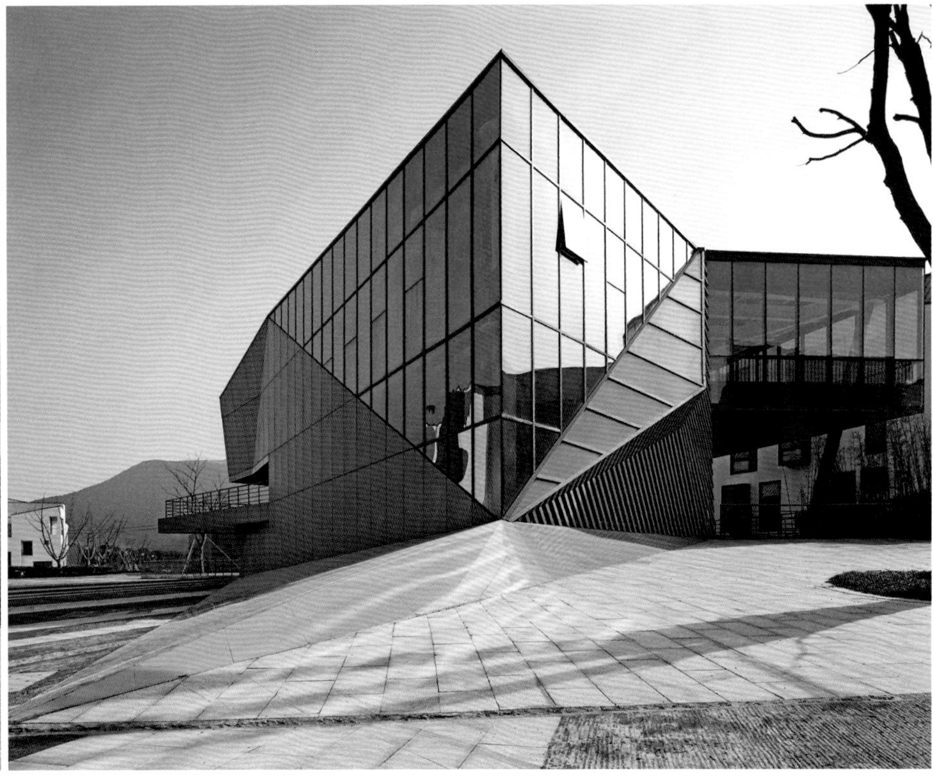

苏州树山商业街区

设计时间：2010 年

在典型的失落的江南中寻找新的非典型的空间感，建筑的形式想创造“平淡中的愕然”。整个街区空间规划上对四周山水的迎纳，让建筑更忠实地生长在土地上。

ID 1994 年考进同济建筑系，您怎么会想到考建筑专业？

高 我高中成绩不错，老师鼓励高考志愿填北大、清华。但我父亲是上海人，我有了所谓“回乡情结”。我看到招生简章上“同济大学，建筑学招收一人”时，心想就是这个了。据说考这个专业还要有画画的底子，也正中我下怀，于是，我就成了当年唯一从新疆考来同济学建筑的学生。

后来的几年，同济建筑学都未在新疆招生，我总是怀有一种内疚感，心想是不是自己的表现让学校对新疆考区都失望了（笑）。

ID 您在纪念同济莫天伟老师的文章里，提到了莫老师当年对您在学校举办各种展览和活动的支持。读书期间，是否一直很活跃？

高 我可能很早对文化传播之类的事情比较敏感，我一直担任研究生会主席的工作，当时在学校里策划的学生摄影展览和其他活动，那个时候新闻晨报、上海电视台，《中国日报》（英文版）等等的媒体都有报道，大家觉得很新鲜。我的博士论文题目是媒体建筑学，写的是媒体时代建筑学的颠覆和重塑，也对媒体进行了不少研究。

也正因为这段经历，还有比较早期的与很多杂志等媒体的接触，我现在就像是“过了瘾”一般，对媒体传播这类的事情倒不怎么热衷。我们事务所的微信公众号至今也就更新了一条。

比起被关注，我倒更希望被阅读。

ID 现在回顾当年，您在同济 12 年的经历收获最多的是什么？

高 我的导师王伯伟先生对我的影响非常大，至今还在影响我现在的工作方式，甚至生活方式。他对每个项目的态度都很认真，无论大的区域规划还是小型改造，都会去仔细地分析推演，寻找最适合的方式。我现在的公司项目，无论大小、无论业主如何，我们都会按照自己的职业要求去做，从城市、区域、交通、天际线、景观、流线等等方式去分析，商业开发项目更是要做非常多的调研和整理策划工作。随意地画一张图或者“搬”一张图，我的职业生涯里从没发生过。无论人们会以什么方式来“买肉”，我们都会以“庖丁”的方式去“解牛”。

ID 毕业时，您有不少选择，包括留校，为什么最终还是选择了菲利普·约翰逊事务所？

高 读博士时，因为做论文去美国调研，也因此和约翰逊事务所合作发展在中国的项目，我觉得很有挑战、很新鲜，义无反顾地踏上这条道路。后来成立代表处，一直到 2005 年约翰逊先生去世，我已成为事务所的合伙人。约翰逊先生去世以后，美国的公司也面临重组，因为对发展方向的意见不同，我们在中国的团队选择了独立成立公司。

ID 你怎么看待中国建筑师和美国建筑师的差异，会羡慕国外建筑师的境遇吗？

高 我只羡慕做得好的建筑师，无论是在美国还是在中国，“手里有活”最重要。在任何地方都有平庸的大多数和努力的优秀者。在我们美国办公室里，有一位跟随约翰逊先生 40 多年的建筑师约翰·曼力（John Manly）先生，当时已经 80 多岁了，他还用铅笔绘图，我第一次看到他的手稿时突然眼泪就涌出来了。那是无法和电脑绘图相提并论的东西，可以收入博物馆，他的铅笔线条极其工谨精美，极端的理性流畅，这样的工程制图瞬间把我带到美国 1950、1960 年代的黄金岁月，他们这代建筑师，对尺度的把控是极其成熟的，就像一位手工匠人雕琢一件铁器一样，即使是标准笔直的线条所画的梁柱墙壁，一丝不苟，饱含空间感，饱含表情。

我经常会想起这种震撼，时时提醒我不要因为任何建造的完成和发展而心怀虚妄，我们是时代成就的一批人，需要心怀敬畏。

ID 从事职业建筑师14余年，您给自己的定位是什么?

高 建筑师这个职业，我觉得维特根斯坦所说的形容最贴切，“在世界内与世界外，建筑师是站在门槛上的人”。建筑师不是艺术家或者诗人,诗人可以是一个优雅的旁观者,用内心与文字去表达自己。建筑师真是扎根社会的职业，无论委托方是谁，建筑都是要为人们提供服务的。

我们一直定位在为城市公共建筑的建筑设计提供商业服务，正如美国中小型建筑事务所的市场定位，不是“明星”也非“学院派”，我们希望专业，以至更专业。我们做的城市公共建筑，不仅需要考虑开发商的利益、使用者的便利、维护者的投入、也要给城市的人们提供福祉，对更大的区域带来激发和带动。进行系统地前瞻性地预见和解决问题，是职业建筑师存在的意义。

ID 您觉得自己设计过程中会特别注意哪些?

高 建筑是一种空间感知的表现形式，盘古开天辟地的意义，就是从混沌中开启了空间。《道德经》中“埏埴以为器;当其无,有器之用”也是一句堪比网红的名言，人的心理感知就是时间 - 空间感知，是人生活在这个世界上对应坐标点的感受。在这个意义上，时间和空间也是可以彼此置换的。

很多人谈空间，还是会偏重于“器”，墙的围合、顶的高矮、光的渗透等等，但我觉得应该从心理上来体察研究，讨论空间组合的技巧不如去看几部希区柯克的影片，后者更接近本质。我不喜欢在设计中谈技法，对我来说，设计有两个层次，一个是理性分析详尽调研和推演，一个就是心理沉淀的驱动，前者可以讨论剖析，后者难以描述。可以有研究的方法，很难有设计的技法。

ID 刚才您提到“敬畏心”，怎么理解，您会以什么方式来呈现?

高 我2005在年设计上海中邦公司总部的时候，写过一篇文章《好玩还是好看》，我当时十分沉醉于设计空间和形式对人们感官上的挑战，对反重力、涡旋、重叠、复杂性等等充满兴趣。慢慢地，随着阅历和内在的改变，我似乎不再愿意 Play with The Architecture（玩建筑），而是更多的 Respect The Architecture（尊敬建筑）。

我们的一切都来之不易，我们的一切并非取之不竭。对我来说，建筑就是人生存的庇护，应该是有节制的、诚实的、善意的，这个是建筑的本质，而一切手段和力量，都是希望能够还原这种本质。好的建筑，是启发性的，它不代表体制高高在上，不代表金钱耀武扬威，不代表欲望呈现挑剔与繁殖。我对建筑并没有从前的形式的热情，但却比以往任何时候更谨慎和耐心，我终于有耐心愿意对待每一束光和风，我节制我的热情，我不是创造者，我希望有更大的力量经由我而实现。

ID 您很早就开始在建筑设计类专业刊物上撰写建筑评论以及专栏，对于当下新媒体对于专业刊物的影响，您怎么看?

高 我的博士论文由于是跨界研究，所以广泛地阅读和研究各个领域的文献资料，以英文为主。在这些研究过程中，我觉得我们的很多中文设计理论和评论，常常会陷入一种描述的陷阱,就好像先树立一个理论的墙壁,然后用文字捉迷藏，这种方式不能说它对或者不对，只是我本人会对过多译文化的词汇比较反感,对没有生命力的八股不喜欢。三国里诸葛亮说江东群儒“笔下虽有千言，胸中实无一策”，的确浪费笔墨。

而传统专业出版领域是非常封闭的，导致突破和改变很困难，反过来，小众的游戏会越来越孤独。

新媒体的发展带来了很多变化，不仅是报道的方式更多元，会激发更多的表达和尝试，也会唤起更多人探讨某些事物的兴趣和信心。设计文章也脱离了宏观叙事，某些体量迷你的项目也能获得巨量的关注。

另一方面，也促进一些建造越来越私人化、多元化，个人业主的增多，为更多的个人及小型事务所谋得机遇。这都是好事情。

ID 哪些建筑师影响过您?

高 我一直很喜欢巴瓦和西扎。卒姆托、查尔斯·柯里亚也对我影响很大。我上大学前去吐鲁番的苏公塔游玩，至今无法忘记它的存在给我带来的感动和震撼。当然，现在以它为中心的景区建设已经彻底割裂了它与土地的联系,我们这个时代,所有深沉的东西都在“主题公园化”。我不知道是谁设计了苏公塔，这样的无名建筑师对我的影响更大，就像鲁道夫斯基的那本 *Architecture Without Architects*（《没有建筑师的建筑：简明非正统建筑导论》），比起建筑的全景来说，讨论建筑师只是一种狭窄学术视野，建筑学是有关人类和田野的。

ID 前不久《纽约时报》披露的女建筑师职业调查，数据显示各种不适合女建筑师未来规划的现状。您觉得性别对您的职业造成障碍吗?

高 我觉得是有道理的，性别会造成在不同职业中的优势和劣势，女性选择建筑师这个职业要斟酌。在这些报导里面，有一种暗示性的误导，那就是建筑师这个职业是优越的,是要求性的,女性这个性别是有局限的,你体会到了吗，这就是媒体的力量——看起来客观的数据报导却隐藏了非常多的价值判断。事实上,家庭主妇也是occupation(职业),也是优越的,也是要求性的,不必为这些“不适合”而紧张，所有的 occupation 都一样，并且，做好都不容易。

另外，大数据显示的是一种抽象的图形概念,每一个个体并不能被大数据所代表。就像很多人说现在建筑师职业趋势不好，赚不到钱，这种话我不会去听，因为我在趋势好的时候也没赚到钱（笑）。对于个体而言，所有的预言都不准确，每个人都会有自己的机会和可能。如果一个学建筑的女生觉得自己愿意做，能做好建筑师为什么不去做。你不能决定大数据，但你可以决定自己成为一个什么样的人。对自己最大程度地接纳，能够做好很多事。

起码，我很享受我女性建筑师的状态。

ID 最近有什么新的规划吗?

高 今年开始做自己的一些乡建项目，还有一些公益型的项目。很多人也会问是不是自己的项目多一些把控会很爽，其实我对在项目中体现我的意志和审美并不感兴奋，我只是想做一些适宜的东西，建造质朴而幸福的房子，这些房子能够提供舒适与美，提供人们对简单生活的生机和渴望。已经有一些建筑师在努力做了，也有非常值得研究和学习的案例。我所更多关注的是，如何在大地上营造美及适合的形式，唤起尊严和更多的自信，而不是造几栋形式语言强烈的房子，在里面摆几个意大利的沙发。图像感对我来说已经越来越陌生了。END

苏州纳园

设计时间：2012 年

建筑面积：2 500m²

纳园以空间的转折、分割、以及连接营造了多样的园景，营造丰富的空间效果。层层进入的空间体验，移步换景，加强了景深的幽趣，也体现了中国传统园林与中国哲学中“在有限中体验无限”的追求。纳园是一座典型的“内观”的江南园林建筑，建筑的立面消失了，而空间的界面又如人的皮肤，和游人共同行进。生动的气韵代替了固定的轴线，探究的模糊取代了界域的分明。纳园的设计表达了对中国哲学所追求的物我相生、情景共融的精神世界的向往。

苏州南大尚城办公园区

项目地点：中国，上海浦东

设计时间：2012 年

建筑面积：30 000m²

高度理性的建筑语言、严整的总图规划形式、强烈的逻辑性，创造了人们感官意识上的凝聚感。这种方式对于新城区的公共建设来说是极其有效的。

苏州 SND 科文中心 概念设计

项目地点：中国，苏州园区

设计时间：2012 年

设计的核心就是用建筑表达“柔软”与“水的感觉”，以此来实现文化建筑特有的地域性、场所感和身份标识。

苏州新区科技大厦

项目地点：中国，苏州新区

建筑面积：100 000m²

体量均衡、理性严谨的塔楼和构成复杂形体活泼的裙房之间，形成了一种紧张有趣的对比关系，精确研究的空间组织和尺度塑造为办公楼带来高效而舒适的感觉。

苏州园区圆融星座

项目地点：中国，苏州园区

建筑面积：250 000m²

超大建筑体量、具有复合功能的商业综合体建筑，需要系统地解决城市交通、商业流线、空间使用、经营定位以及效率、城市形象等诸多问题，最重要的是，还要找到自己独特的个性。"峡谷"和"山地"是建筑综合体设计的构思出发点，旨在解决地下与地上各层商业平面的组织互动和价值激发的问题，并带来更好的景观与生态利好。

101park 综合办公园区

项目地点：中国，无锡园区

设计时间：2012 年

多种功能的办公园区旨在创造丰富多元的现代办公环境，寻找和实现单元和个体的个性，从而最大程度地激发效率和创意。

银川韩美林艺术馆
HAN MEILIN ART MUSEUM IN YINCHUAN

撰　文	festa
资料提供	杭州典尚建筑装饰设计有限公司

项目地点	银川贺兰山岩画遗址公园文化艺术展示区
总占地面积	15 868m^2
建筑总面积	6 694m^2
室内设计	杭州典尚建筑装饰设计有限公司
设计主持	陈耀光
设计参与	胡昕、刘伟、朱玉平、项国超等
建筑设计	北京三磊建筑设计有限公司
平面设计	清华大学陈楠工作室
导视设计	北京天树egd
基本材料	磊石、钢板、原木、玻璃、灰色地砖、白色乳胶漆
设计起止	2014年1月~ 2015年11月
竣工时间	2015年11月

继2004年陈耀光和他的典尚设计团队与艺术家韩美林首次合作的杭州韩美林艺术馆、2008年与2013年的北京馆一期、二期项目后，2015年竣工的银川韩美林艺术馆是一次升华版的设计与艺术的共鸣。位于银川贺兰山岩画遗址公园文化艺术展示区的韩美林艺术馆，占地面积约为1.6万m^2，以"五厅二室一廊一谷"划分出展厅、互动区、创作区以及游客服务区，集中展示了韩美林先生以岩画为题材的绘画、书法、雕塑、陶瓷、染织等各个门类的艺术精品。

选择将艺术馆放在贺兰山中，源自韩美林先生几经贺兰山时被古老神秘岩画的艺术与精神所打动，这段经历令他说出了："在我的每一幅画里，都渗透出中国古文化对我的影响。看到岩画，总有一种创作的激情，让我对现代艺术的思考更为深沉。现代艺术的创作与古老的传统相结合，才能走出一条全新的路。"贺兰山岩画，因此被韩美林视为自己艺术创作的一个重要转折。面对艺术家的思考，以及贺兰山岩画遗址公园的自然现场，典尚设计团队将面临一次超越经验的设计思考，无论从题材到时空、远古与当代、都市和山地，在特有前提下如何体现空间环境与艺术家作品的核心关系？他们在这个项目近3年的实施过程中始终关注作品、作者及建筑在自然环境中的意义。贺兰山下，在空旷天地之间有一座与大山长在一起的艺术馆，距离十公里外就能看见，但还要20分钟的车程才能慢慢地靠近，可以设想人们从四面八方来到此地的期待感。这个山体所在地旁就是距今几千年古老而神奇的贺兰山岩画群。"如何将艺术通过远古与现代的时空对话得以继承与延续，如何将人们对艺术作品的解读方式与我们在室内空间设计的表达上产生共鸣，是设计定位的关键"，让韩美林艺术作品的灵魂从空间沉淀中渗出来。设计师陈耀光如是说。银川韩美林艺术馆的室内设计理念，由五个关键词延展而成：敬畏自然，聆听远古，尊重建筑，表达作品，内外相融。在整体建筑与贺兰山脉融为一体的嵌入式设计中，以取自当地的天然材料作为第一选择。让艺术馆与山脉的自然轮廓产生对话，包括与贺兰山岩画景区出没的岩羊及一望无际的戈壁山石静静相守……这个建筑，目前也是银川市最高的外装毛石砌筑建筑。室内以黑白灰作为主色调，辅以石、混凝土与木作的自然材质，来呈现艺术作品的自然原力。END

| 1 | 3 4 |
| 2 | 5 6 |

1 建筑外观与贺兰山自然景观，远景图

2 建筑室内一角，人与空间与建筑的体量

3 建筑一角，山与水与人和建筑的比例，感受建筑与周边的关系

4 室外露台，入口导视

5 室内，天书、岩画与雕塑

6 局部雕塑展示

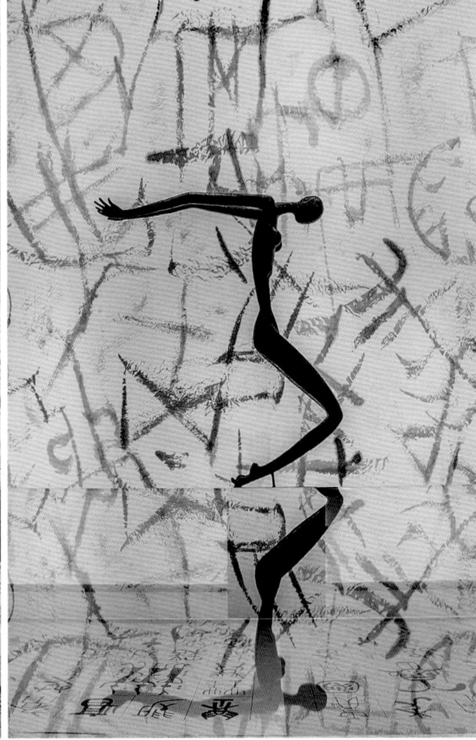

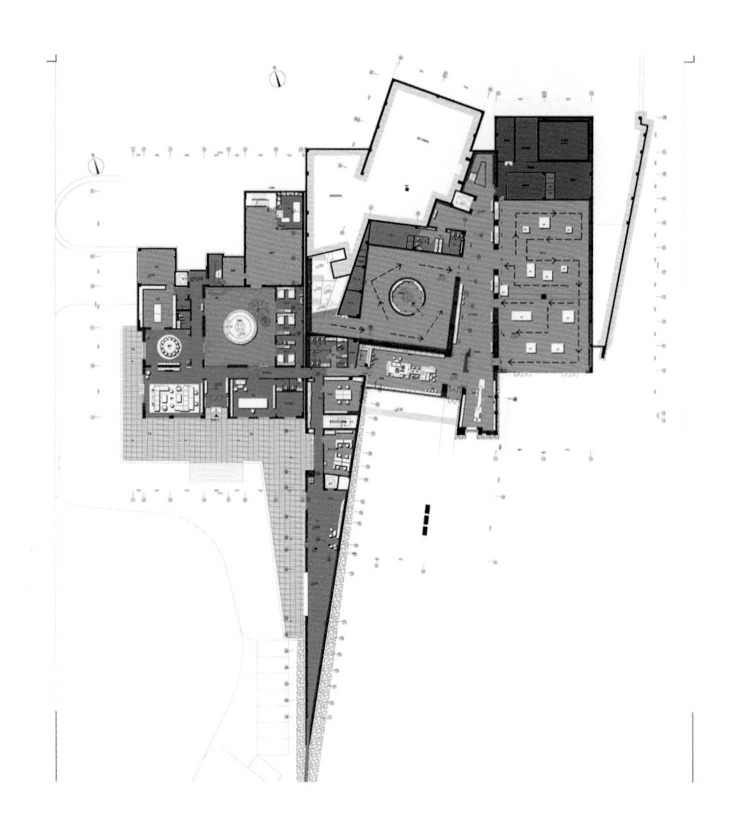

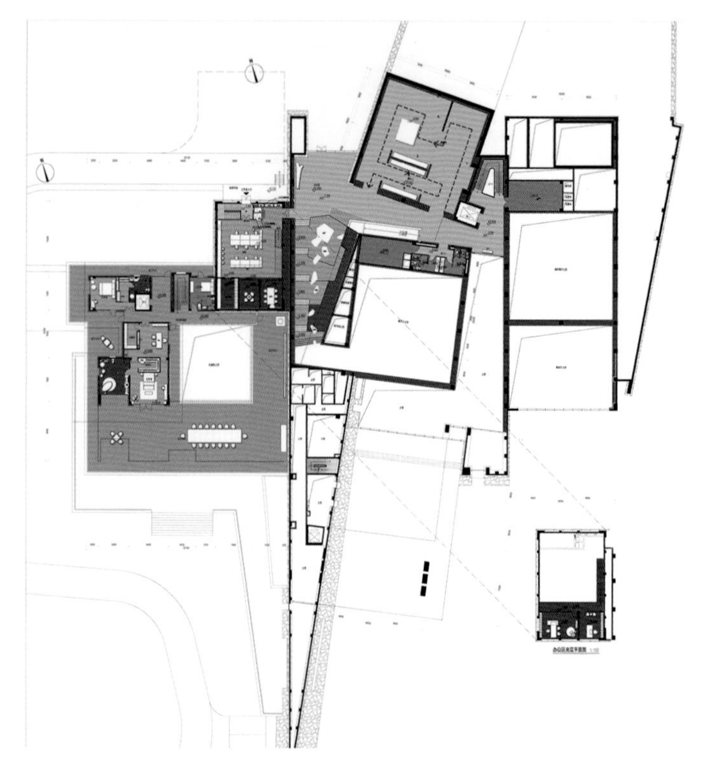

| 1 2 | 5 |
| 3 4 | |

1　一楼室内平面图

2　二楼室内平面图

3　一楼咖啡图书阅览区

4.5　室内中空的“太阳峡谷”，一整面的墙体岩石与室外相互呼应，将自然延伸至室内

1	4 5
2 3	6

1 前厅接待区
2 室内峡谷旁斜坡
3 雕塑牛头墙面展示
4 展厅二局部
5 序厅
6 多功能区局部

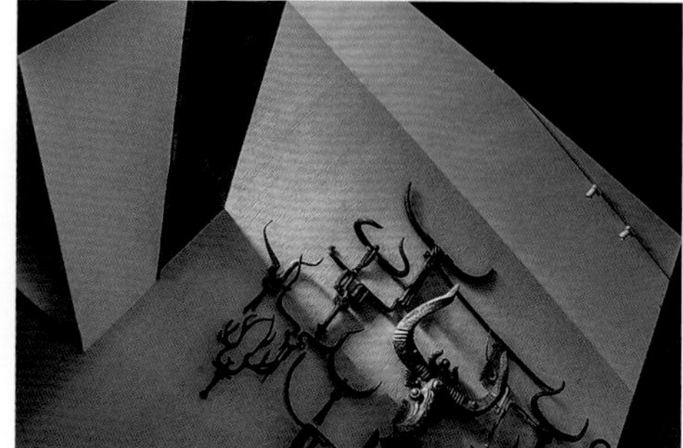

BEIJING 2008
Candidate City

书画厅

云南建水听紫云文化度假酒店

TINGZIYUN RESORT JIANSHUI YUNNAN

撰　　文｜XMY
资料提供｜听紫云

地　　点｜云南省红河哈尼族彝族自治州建水县关帝庙街49号
设　　计｜林迪
面　　积｜2 000m²
竣工时间｜2014年

1 公共区
2 入口

犁庭扫穴的造城运动在中国已是个流行的模式，众多古城只争朝夕，力求旧貌换新颜。但对于那些永恒的故乡来说，新的当然需要，旧的或许更加需要。修建一座崭新的大城，可以到旷野上，几年时间就够了。但拆掉旧的，想要重建，花上一百年的时间都不够。位于滇南边陲的建水则是个幸运的所在，那些与外界同步的喧嚣都被放在了老城外面，这个县最原始的千年灵魂仍然供养在旧城里，这里的市井仍然得以存活，孔庙、朱家花园、制陶术、静悄悄的生活……一如既往地朝着旧的方向延伸。

建水古城的关帝庙街是条僻静的小路，听紫云文化度假酒店就坐落在这里，这里亦成为建水的地标之一。这座老宅原是清朝富商黄锦的府邸，始建于清末，占地面积近 3 000m^2，距今已有 100 多年的历史。经过云南本土设计师林迪三年的精心修缮，如今已还原了建筑原貌，改建费用近 1700 万。

从规划布局到具体的设计细节，林迪使用的都是过去时的手法，是为人着想的。在筑成之始，也许，他想到的只是筑家。在这里，人们适合卸下重负，休养生息。“新的就是新的，旧的就是旧的，我不想做一个假的。”林迪说。在这个“拆那”的时代，尽可能保存传统生活形态的设计理念尤显得弥足珍贵。在改建的过程中，林迪把老宅中原有的砖瓦标号后，单独进行清洗，再按照标号原位置放回，包括原有地面的砖石和排水系统都被很好地保留了，与老屋进行了君子式的对话。

设计师从民间搜集了大量的老牌匾和家具用来装饰，在保留古风的基础上，又装置了十分现代化的设施来保障入住客人的舒适。修复后的听紫云由两大部分组成，一为坐西朝东的主体庭院建筑，由三座清末风格的传统四合院构成，院内青砖白墙，雕梁画栋。飞翘的屋檐上悬坠的铜铃随着清风发出清脆的响声，像在诉说这座老宅的荣辱兴衰与沧桑变迁。酒店的另一部分为占地面积 200m^2 的三层砖瓦建筑小楼，同样以传统技法和工艺修缮一新，本着修旧如旧、还原老建筑的独特风格为目标。

值得一提的是，酒店在布局上更多考虑的是用公共空间打造出建水的文化氛围，所以在设计时兼顾了建水的特色。院子里还有一个大水缸，里面装着西门古井的井水，可以直饮，用来泡茶更是没的说；酒店还特别设置了建水紫陶的工作室供人品鉴；而老宅中的博雅书斋是处幽静的所在，是建水庙学与儒家文化的缩影。古色古香的书架上成列着各种藏书可供宾客随意取阅，墙上装饰着四扇建水当地最具特色的精致雕花门。此外，书斋内还设有红木大书桌，提供笔、墨、纸、砚等文房四宝，可供客人习练书法，修身养性，感受中国儒家传统文化及国粹之美。

这里，并不像那些用徽州老宅改建后的民宿，带着一股子阴森的气息。相反，这座百年老宅的气质非常柔和，这里的一砖一瓦、一院一园、一草一木、一联一画、一花一虫都带着点文化乡愁的味道。而这动人心魄的空间导致我做的第一个决定，就是哪里都不想去了，想在这里一直浪费时间，泡一壶茶，取一册书，坐在院子里静静地阅读。END

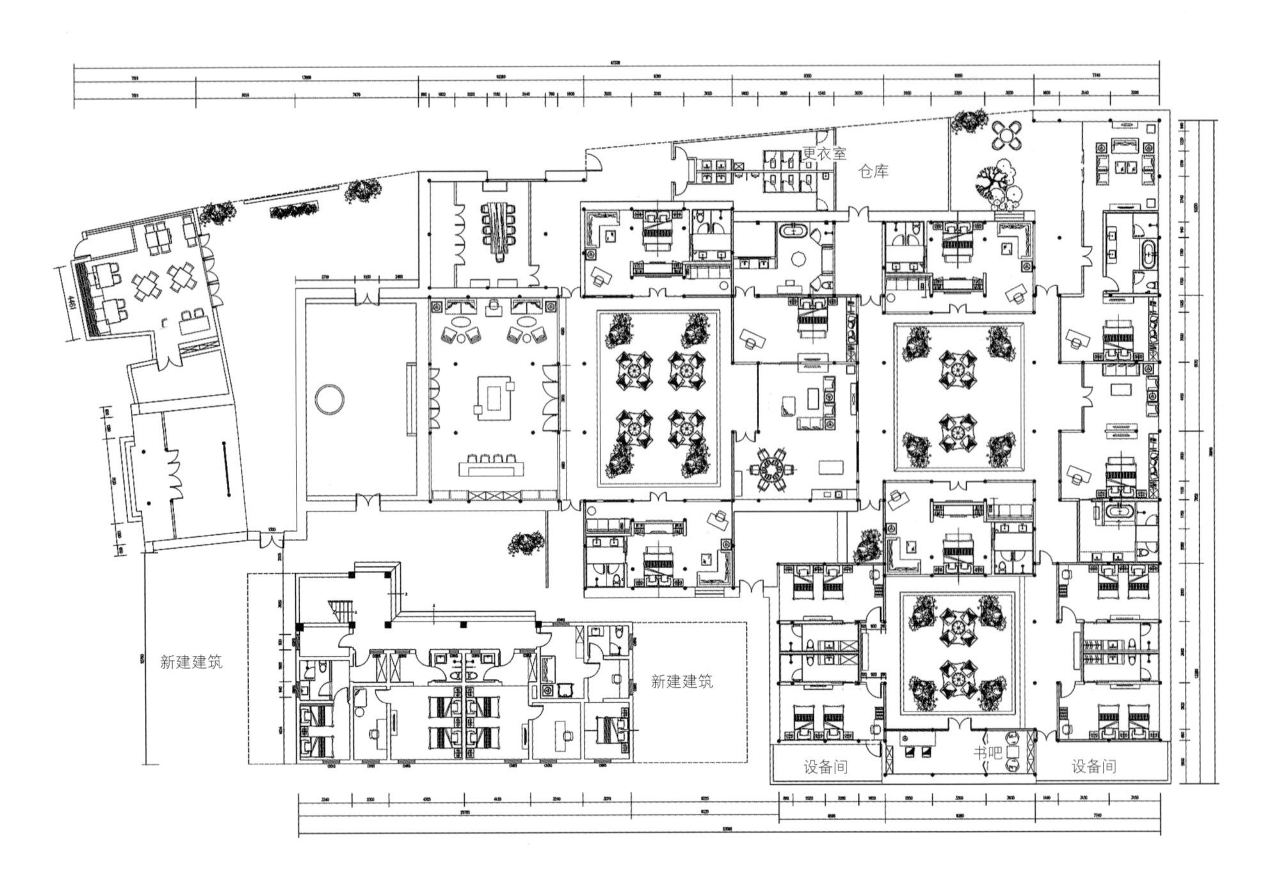
更衣室
仓库
新建建筑
新建建筑
设备间
书吧
设备间

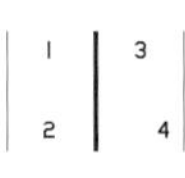

1 平面图

2-4 大堂

1 院落一角

2 酒店标识

3.4 院落

5.6 瑜伽房

1	3
2	4

1-3 院落

4 院落双床房

南京圣和文化广场
NANJING HANFUJIE PLAZA COMPLEX

撰　　文　雨水
资料提供　圣和府邸豪华精选酒店、贝氏建筑事务所

地　　点　江苏省南京市长江路
建筑设计　美国贝氏建筑事务所
酒店室内设计　HBA
竣工时间　2015年

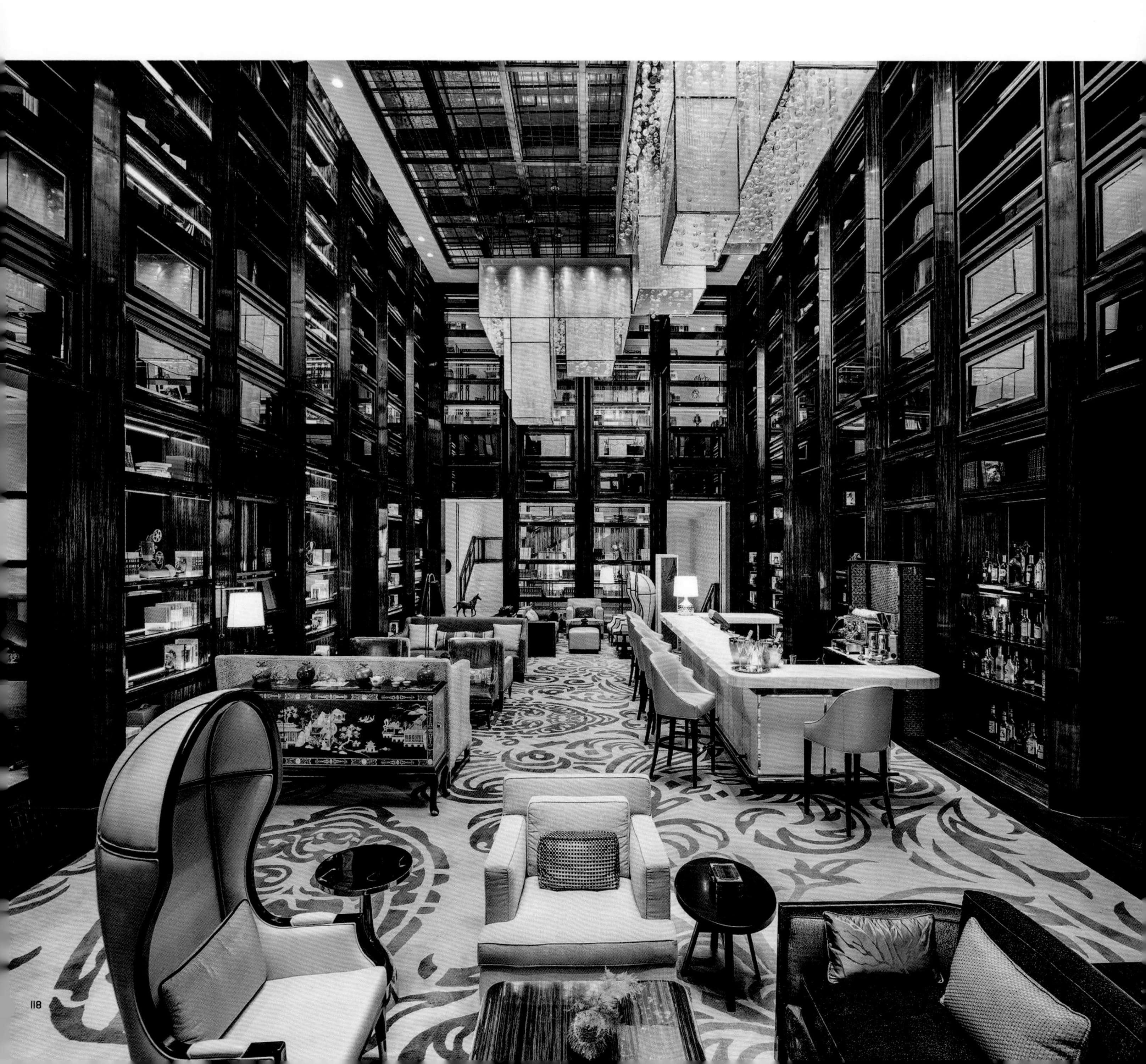

1 行者书屋
2 酒店入口

南京素有“六朝金粉”之称，作为中国文化的高地，南京在这段时期基本与西方的罗马帝国平行，而六朝时期的南京城亦是世界上第一个人口超过百万的城市，和古罗马并称为“世界古典文明两大中心”。这两个国家在地球的东西两方各自创造出高度的文明”。

新近竣工的南京圣和文化广场项目则是个能穿越回六朝时代的所在。这个项目的出现其实是个偶然，这块地皮原本是用于建造圣和集团总部大楼，而在 2007 年的一次勘探中发现了六朝建康都城的遗址。原本的办公楼计划也就调整为现在的圣和府邸豪华精选酒店与六朝博物馆，同根共生，一株二艳。这家酒店亦成为一座建造在 2 000 多年历史遗址上的酒店，与六朝文明不可避免地保持着千丝万缕的联系。该案的建筑部分是由贝聿铭之子贝建中领衔设计，是美国贝氏建筑事务所在南京设计的第一个作品，而酒店的内部装潢则由 HBA 打造。前者以展示六朝宫城城郭遗址和六朝历史文化展示为魂，后者则以喜达屋旗下豪华精选为特征的顶级酒店文化为魄，带来十足民国官邸风。

圣和文化广场位于长江路总统府东侧，长江路与汉府街的交会处，外墙均采用米黄色石灰石板贴面，配以玻璃窗户和顶棚，极具现代感。根据博物馆与酒店各自的功能需求，设计师巧妙地运用了各层分区分片双 L 嵌套的设计手法，用斜交的博物馆以及正交的酒店两个几何组成建筑方案，使博物馆和酒店不仅相互安全隔离，又共享了建筑外部的优美景色。酒店大厅及博物馆中庭由一玻璃墙分隔，使两空间之间透明化。在博物馆及酒店中的两层楼高下沉露台为酒店大厅，酒店二楼设施及位于首层的博物馆咖啡厅与礼品店带来自然采光。

圣和府邸豪华精选酒店

酒店本身就是一座建筑艺术品，处处可以看到明代的审美格调，以及民国时期的设计细节。其设计灵感来源是孙中山先生历阅博彩的人生，意欲将酒店打造成一座如孙中山一般的名流要人的宏大私人府邸。步入酒店大堂，这里就展现了 1912 年孙中山就任时总统府礼堂的场景，成为接待贵宾的重要场所，设计上庄重华贵，给人宾至如归之感，尽显尊贵府邸的氛围。

在我看来，一楼的行者书屋是亮点所在。这座书屋的设计灵感也是来自于民国时期的历史文化背景以及孙中山先生历阅博采的一生。众所周知，孙中山先生平生只有两大嗜好，革命和读书。“读书不忘革命，革命不忘读书”，是孙中山一生的信条之一。书屋里处处充满着迷人而复古的魅力，艺术品、屏风、木制家具，敞亮而开放的中庭设计充分体现了贝氏建筑中光影的完美结合，四面高耸林立的书柜精选南京历史、民国文化、文学艺术等书籍，酒店还有专门展出众多海外珍宝的区域，以及供客人修养心性的天地。这里亦是国内五星级酒店中藏书最多的酒店式图书馆。

在酒店三楼，由室内室外两部分组成的熙园酒廊更像是府邸中的私人藏馆，这里有来自全球各地的茶叶罐与器皿，也是酒店中最佳的品茗处。户外露台是非常出彩的，除了两只出镜率非常高的黑天鹅外，这里还可以俯瞰对面总统府的黑色屋顶——孙中山曾在此宣誓就职中华民国临时大总统，它也是南京民国建筑的精髓。

六朝博物馆

博物馆的入口就是个挑空的“阳光大厅”，大厅南北墙面上各有一个遥相呼应的“圆窗”，这就是贝氏建筑作品中的经典符号“月亮门”，形成了“人在墙边走，景在眼前移”的独特视效。在大厅内漫步，脚下是镶嵌在地面上的78个排列有序的玻璃窗，这个被称作“满天星”的设计，是贝氏设计团队为六朝博物馆量身定做的创新一笔。米黄色地板与玻璃的色彩对比，为观众提供了良好的交通引导性，而玻璃的透视性，让地下一层的遗址空间与地面一层极具现代感的大厅空间相互交融，构建了一个让观众穿越历史时空的奇幻通道。

贝聿铭为法国卢浮宫设计的玻璃金字塔早已是全球博物馆的经典标志，而在六朝博物馆中，由于建筑限高为24m，玻璃顶棚无法设计成三角锥体，所以设计师为其打造了一个体量宏大的平顶钢结构玻璃顶棚，为博物馆大厅提供了通透明亮的自然采光。

地下一层的六朝建康宫城遗址是博物馆的灵魂所在，长25m、宽10m的夯土墙遗址原封不动地横亘在观众眼前。六朝夯土墙遗址区面积近260m²，该地块受六朝宫城内河与护城河等地质因素的影响，要在不移动、不扰动遗址的前提下进行工程建设，是国内罕见的高难度地下作业。在建设过程中，整个遗址区被100根直径80cm的钢筋混凝土保护桩严严实实地包裹起来。这圈“防护罩”从地面一直打到地下22m深，将遗址区与外部施工环境完全隔离开来，在避免遗址本身土层流失的同时，也排除了外部施工对遗址的扰动。

博物馆设设《六朝帝都》、《千古风流》、《六朝风采》和《六朝人杰》4个展览。其中，位于地上二层的《六朝风采》展厅是博物馆文物的精华所在。展厅本身便是一个典雅静谧的园林作品，竹林、荷叶、木亭、青石桥……走进展厅后步步是景，如同来到了一个室内园林，观众休憩区内还根据“兰亭雅集”的意境，特别设计了一处曲水流觞的小品，四周挂着六朝名家的书法作品，置身其中，整个人的身心也在幽静清雅的氛围中得到了放松。END

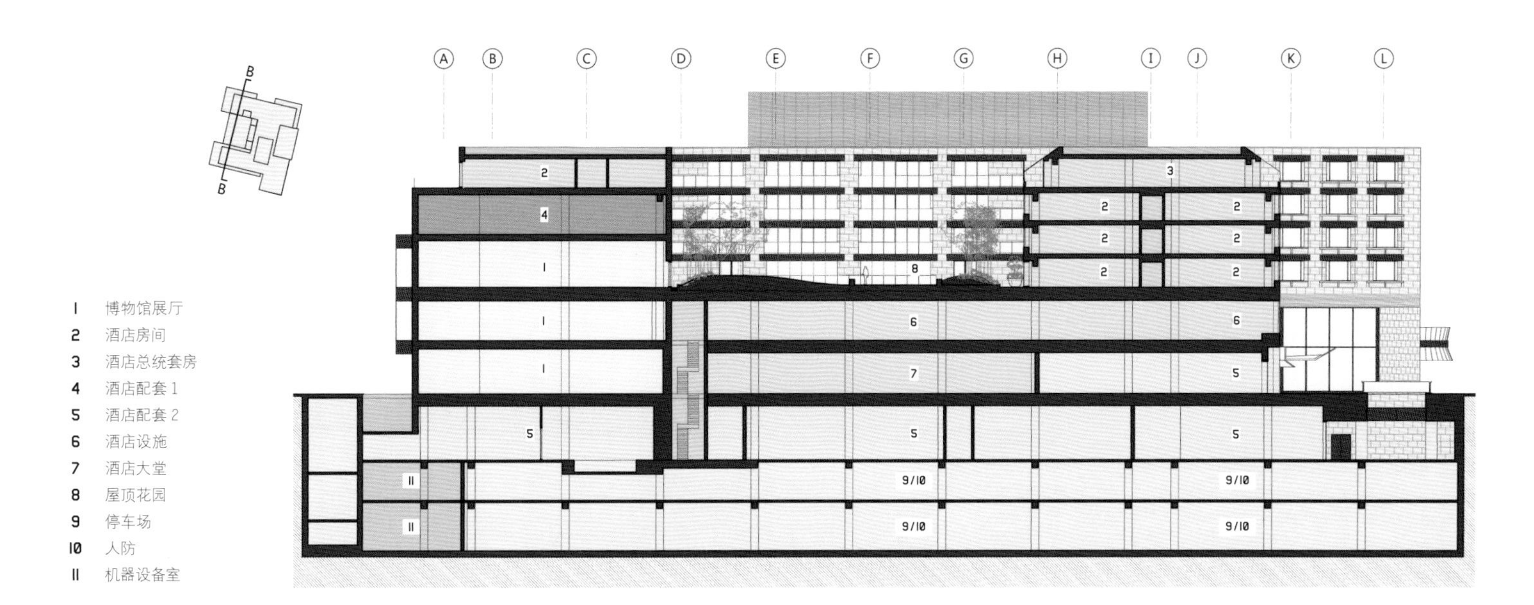

1 博物馆展厅
2 酒店房间
3 酒店总统套房
4 酒店配套 1
5 酒店配套 2
6 酒店设施
7 酒店大堂
8 屋顶花园
9 停车场
10 人防
11 机器设备室

1 餐厅
2 基地平面
3 剖面图
4 酒店大堂

1　总统套房露台
2　客房
3　游泳池
4.5　三层户外露台

THE GRAND MANSION

1 阳光大厅

2 B1 展厅

3 月亮门

4.5 楼梯区域

6 《六朝风采》展厅

丽江古城英迪格酒店

HOTEL INDIGO LIJIANG ANCIENT TOWN

摄　　影 | My
资料提供 | 丽江古城英迪格酒店

地　　点 | 云南省丽江市古城区七一街兴文巷111号
设　　计 | P49 Design
竣工时间 | 2014年

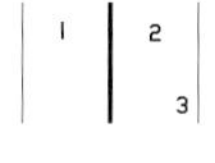

1　大堂
2.3　入口

数年前，提起丽江都不免想起“艳遇之都”，而如今，丽江早已遍布星级度假酒店。在早年丽江悦榕庄打造的那款“躺在床上看雪山”的迷人慰藉后，众多酒店开始步其后尘。但在丽江古城，建筑外立面有着非常清晰而统一的标准，各家都不能造次，只能在室内玩转花样。

位于丽江大研古城南门的英迪格也算是个特别的存在了，这家酒店用当代艺术玩转了纳西文化，古色撩人，活色生香。酒店选择了本身就融汇了多重文化的大香格里拉马帮主题，然后用天马行空的当代艺术的手法表现了出来。来自泰国的 P49 事务所的首席设计师 Chakkraphong Maipanti 的意思很明确，“我们并不是要建造一座茶马古道的博物馆，因为本地有 99% 的建筑都可以告诉我们丽江这座古城的历史。我们的建筑是有创造性的，可以用三个词去解释：融会贯通、出其不意、其乐无穷。”

设计师一直试图用“马”的元素来打造这座酒店，所以，酒店里但凡能使用到毛皮和马毛的地方，全部不遗余力地实现。为了让传统的元素成为现代生活的一部分，设计师将“马帮”和“茶马古道”的旧元素复活再现，比如马帮的马鞍，被再度设计成座椅，满足了现代情趣，却依然能寻觅到真实历史的踪迹。

酒店入口种植着一颗百年古茶树，见证着云南普洱茶的兴盛。周围是由低调的石头垒砌的墙体，就像丽江古城的普通屋舍，但千万别被它的低调外表欺骗了，当走进大堂的一刹那，扑面而来的是片紫红色的高原杜鹃装饰，从大堂一直延伸到户外，与平静的水面相接，甚至一直延伸到地下会议室。前台的设计十分巧妙，设计师巧妙地将欢迎区的家具设计成马帮路上随身携带的行李箱，将休息区的坐椅设计成皮质马鞍，这处处都反映出主人对马的钟爱有加，也体现出马对于马帮的重要意义。

搭乘全玻璃景观电梯进入餐厅，餐厅电梯玻璃门上贴覆群山的画面，这巧妙地将电梯隐藏于群山之后。踏出电梯，仿佛穿越时空，回到茶马古道。设计师将餐厅的灯具设计成各种动物的灯饰，将马帮打猎的故事融入其中。餐厅的地面装饰点缀着各种蘑菇造型，是由于马帮常常将山里采来的蘑菇风干作为路上的食物。云南的野生菌众多，味道鲜美，营养丰富，是马帮路上最重要的食物之一。

在“茶马古道”的设计理念中，“茶”亦是非常重要的。茶驿位于大堂的二楼，既有传统意义中茶廊的恬静古朴，又带着极富设计感的惊喜与色彩。在茶驿区域的墙面上装饰有抽屉，让人不禁联想到茶馆老板藏在

里面的名贵茶叶和中草药。点茶后，茶被盛在当地特色的茶壶里送到宾客面前，更有三两茶点搭配 。

地下一层的私享空间“Me Space”非常有趣。当年，奔走于茶马古道的马帮大多会选择在山洞中休息，遮风避雨，而Me Space的设计理念正是源于此。兔子窝沿墙体一字排开，大小不一。里面有电视、沙发和桌椅，墙上还贴心设计了好几处阅读灯。少则二人世界，多则七八好友，可以躺着聊天看书，甚至来一场电影。

酒店的客房是一片以纳西族民宅原型设计的云南庭院，共有70多个房间，几乎每一个房间都不大一样。高级房以玉龙雪山为主题，床的背景墙是连绵的雪山壁画，壁画描述了马帮从普洱出发到思茅并直至高海拔的滇藏线，路途艰险曲折，地上铺设图案为连绵的层层梯田的地毯；豪华房以雪山村落为主题，沙发后面摆放的古色古香的木质屏风上层层叠叠勾勒出连绵的雪山画面。雪山不再是冷冷的屹立在那儿，而是由雪山下的村落环绕。门把手及衣架设计理念均来自于马蹄造型，房间的灯饰也巧妙地将马蹄融入；豪华套房以马铃为主题，“山间铃响马帮来”，铃儿响叮当，远远听到马铃回响在山间，马儿一路前行。

总统套房就像是主人的房间，收藏着各地朋友带来的礼物。会客厅里有来自云南的丝绸，地上层层叠叠铺上从西藏带来的手工地毯；主人打猎的战利品——鹿角也被设计师巧妙地设计成吊灯；木柜台灯的灯座形似一只鹰，通电时，整个鹰体透出柔和的灯光，在野外暗夜里即使是一丝微弱的光亮都能被鹰敏锐的眼睛捕捉到。套房卧室的家具的灵感来源于马帮的寨营，按照可拆卸，可移动的设计，方便马帮的行走。各式家具用木箱拼接，形成一个个独立的收藏柜。屋内顶棚形似帐篷，由中间向两边垂下与木质雕花房门相接，宛若茶马古道路上马帮用作休憩的帐篷。END

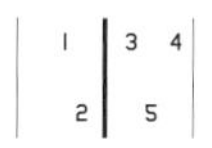

1 酒店院落
2.3 大堂入口细节
4 大堂入口
5 大堂接待台

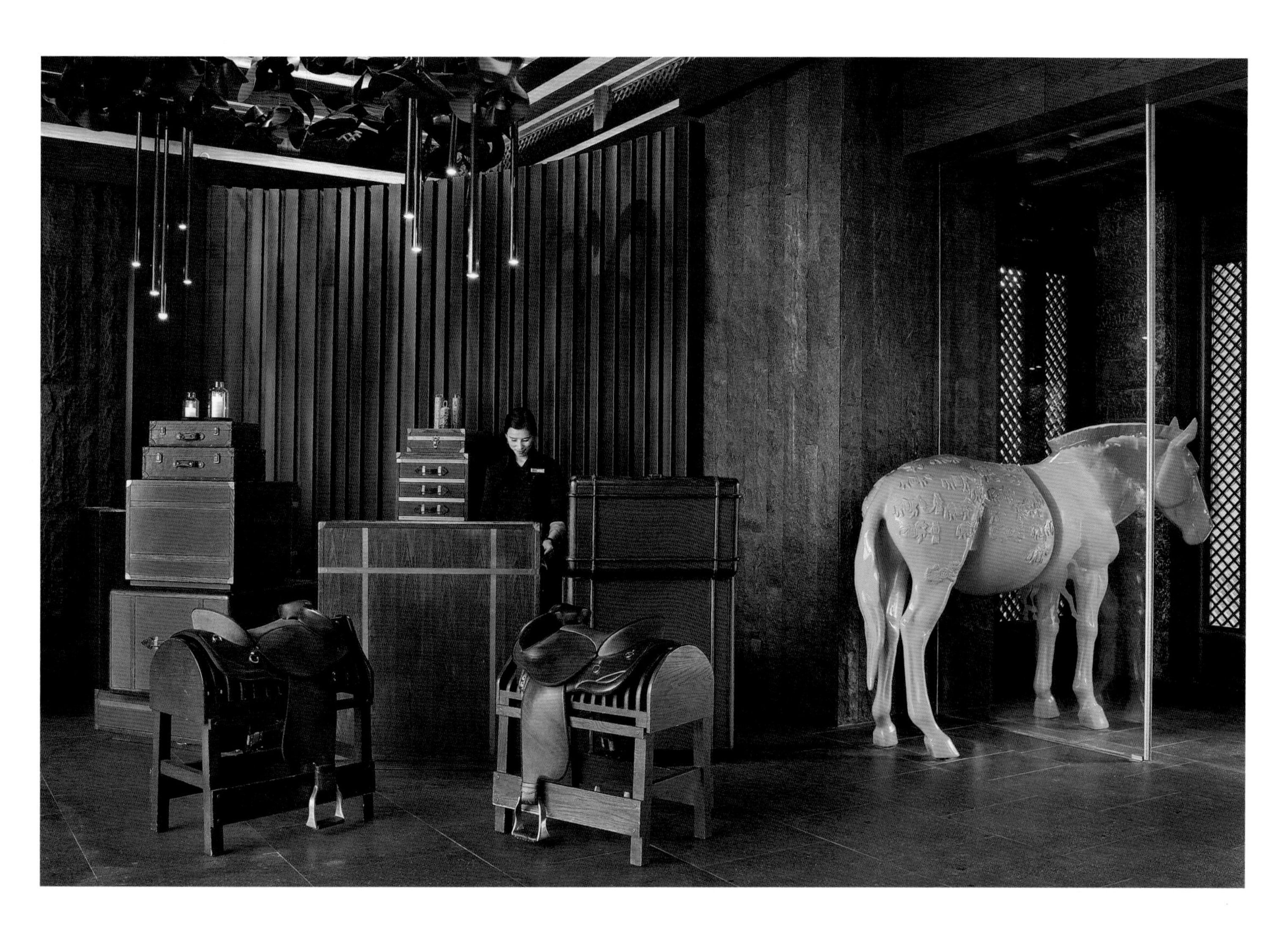

1 私享空间阅览角
2.5.6 茶马餐厅
3 茶驿
4 私享空间兔子洞

1-6 英迪格总统套房

巴黎半岛酒店
THE PENINSULA PARIS

撰　　文 | LEA WU
资料提供 | 巴黎半岛酒店

地　　点	巴黎19 AVENUE KLEBER 75116
建 筑 师	RICHARD MARTINET ATELIER建筑工作室
室内设计师	梁国辉（Henry Leung）恰达思贝德梁有限公司（Chhada Siembieda Leung）
外墙修复	Degaine 公司
建筑修缮	Gohard 工作室
主要材料	岩石、砖瓦、木料等
面　　积	33 000m²
翻修设计时间	2009年~2010年
翻修竣工时间	2010年~2014年

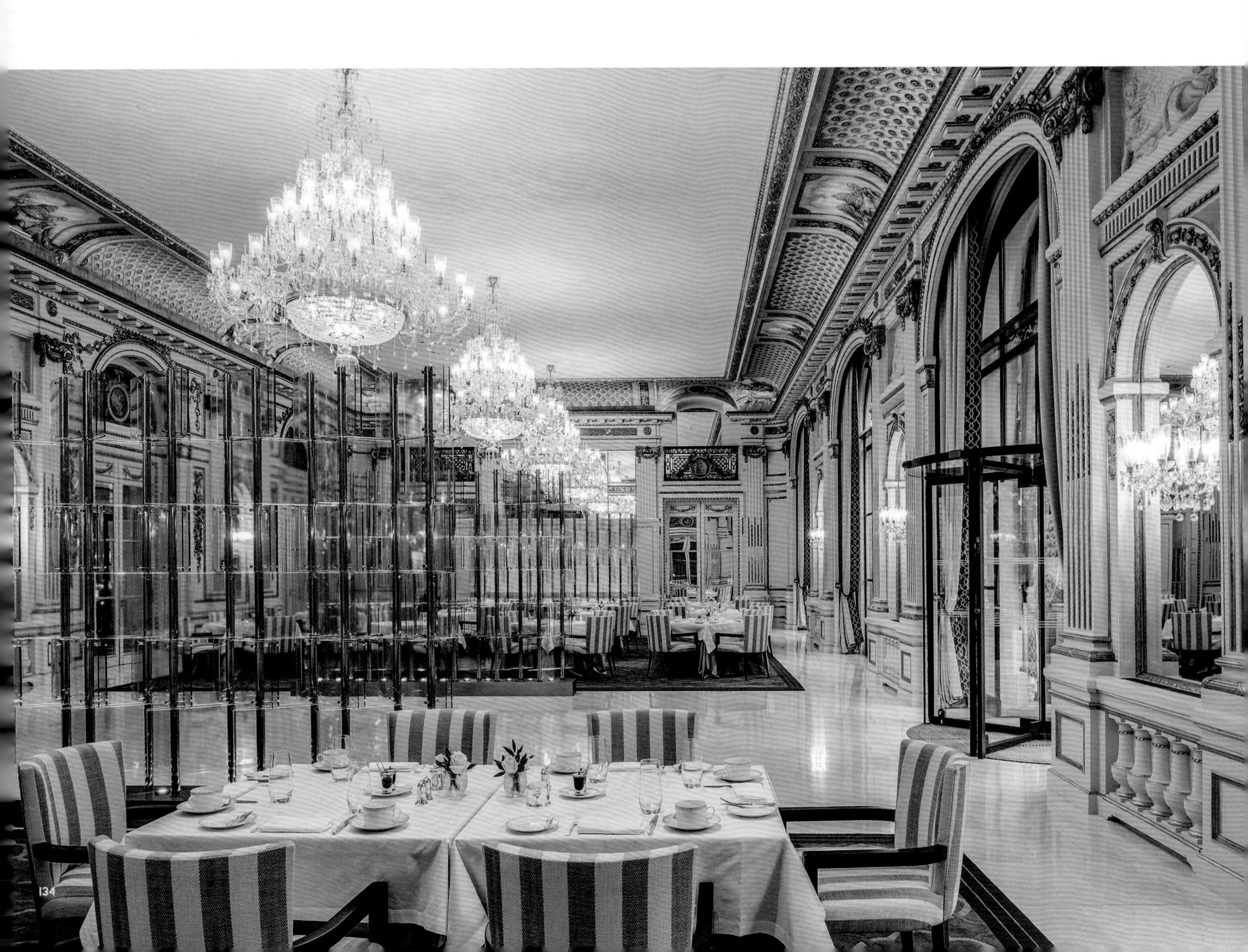

1 酒店餐厅
2 位于酒店顶层的卡塔拉套间，室内陈设豪华，室外空间宽敞，包含一个 90m² 的露台和一个专属屋顶私人花园
3 酒店外观

每年，法国都是全世界旅游人数最多的国家，来法国旅游的人一定会到巴黎来，而到巴黎的人一定会到铁塔和凯旋门看看。正是在连接铁塔和凯旋门的一条著名的克莱贝尔大道（Avenue Kléber）上，最近新开了一家半岛酒店。

这家半岛酒店的前身是一栋 19 世纪末的古典建筑，这座古建筑是在 1908 年建成的，当时也是一座高档酒店。这座酒店由于地势优越、规模宏大、设施豪华，在长达 30 年的日子里，无数富豪或名人、贵族及大亨，以至艺术、文学及音乐界等风云人物都在这里留下过足迹。2008 年底，这座百年古建筑被半岛酒店集团买下。在法国买下一栋古建筑后，装修是十分费时费力又费钱的工作。当年，这座酒店大楼的兴建用了两年时间（1906 年至 1908 年），但巴黎半岛酒店的装修却用了 4 年时间。

在装修工作中为了保留建筑物的历史与原有美学价值，重现昔日的华丽装潢，负责各项专业装修的都是在法国最受尊崇、世代相传的家族式工艺公司。这几个公司曾经负责卢浮宫和凡尔赛宫等皇室宫殿的复修。这些古建筑修复的专家把大理石、马赛克、楼顶及墙砖、木雕、石刻等能够剥离的材料都小心地拿下来、编好号。在工作室里精心修复后，再按照标号重新装配回去。

酒店的大堂是每家酒店的灵魂。巴黎半岛酒店有两个大堂，使得住店的客人和来餐饮的客人分别从两个方向进入酒店，互不干扰，非常方便。面向克莱贝尔大道（Avenue Kléber）的大堂，门外有两个中国风格的石狮，这也是全球每家半岛酒店大门口标志性的石狮，高 1.7m 各重 4.6t，两个石狮驻守在大堂两侧，凝视着路人和隔壁高大雄伟的凯旋门。客人进入大堂，看到高耸的拱形顶棚、华丽帐幔、大理石地台与充满时代感的家具陈设等点缀，感叹半岛传统的富丽气派之余，进而可以在大堂茶座里享受举世知名的半岛下午茶。

另一大堂位于侧面的 Avenue des Portugais，是住店客人进出的，大堂顶棚垂着 800 块 Lasvit 手工制叶片形水晶吊灯，像闪亮的落叶一般从高大的殿堂上散落下来，与酒店外的克贝尔大道上的树影绿荫遥相呼应。

楼顶的西餐厅最具特色，窗外吊挂着一架古董飞机。这是按照 1927 年首次尝试飞越大西洋的“白鸟”(L’Oiseau Blanc) 的双翼飞机建造的复制品，餐厅也以这架飞机为名，采用法国当地最时令食材，精心制作别具现代风味的传统法国佳肴。客人在餐厅里就餐，透过环绕周围的玻璃窗，可以看到不远处的巴黎铁塔的全景。夜晚铁塔上闪烁的灯光，与餐厅里的菜肴交相辉映、色味俱全，享受到天上人间的美景佳肴。

酒店最重要的就是客房。世界上绝大多数豪华酒店，都是用玻璃和钢铁造成的现代化建筑，在崭新的客房中摆放古董器件，以显示尊贵和豪华。而巴黎的半岛酒店则正好相反，在岩石和砖木铸就的古董店客房里，安装了现代化的客房设备，其中包括有精挑细选的工艺摆设、优雅家具、充满情调的灯光效果。床边及书桌的互动电子控制板是半岛独家研发的客房科技，显示 11 种语言，可以按客人的选择预先设定语言版本，弹指之间即可以按照自己的语言轻松读取餐厅菜单、酒店服务资料、连接电视频道，调控各项客房功能等。客人进入到历史恢弘酒店，下榻在有一百多年历史的“古董”客房中，享受最现代化的设施和服务，仿佛是时光在流转，有天上人间的感受。END

1	4 5
2 3	6

1 酒店外观

2 酒店大堂装饰

3 酒店大堂楼梯

4-6 尽享巴黎市全景的云雀楼顶餐厅

I. 3. 4. 6 酒店客房
2 巴黎古典风格建筑的精髓
5 酒店客房卫生间

青岛锦江都城酒店
METROPOLO JINJIANG HOTELS IN QINGDAO

撰　　文 | 叶铮
资料提供 | HYID-上海泓叶设计

地　　点 | 山东青岛城阳区
项目性质 | 精品酒店
设计公司 | HYID-上海泓叶设计
主设计师 | 叶铮
建筑面积 | 6 000m²
主要用材 | 雅士白、金属、黑镜、渐变玻璃、PVC编织毯、涂料
设计完成 | 2015年6月
竣工日期 | 2016年1月1日

1 大堂共享空间中的透明渐变玻璃
2 大堂
3 空间层次分配草图

本案坐落于青岛市城阳区，是一幢地下1层、地上9层的酒店改造建筑。总面积约6 000m²，定位商务型精品酒店，约计客房一百余间，公共区域设有大堂、餐厅、咖啡厅、商务、会议、健身等功能。

整个设计是以该建筑条件的制约为基点，针对其缺陷而展开的思考。主要体现在如下两方面。

首先，该建筑位于十字路边的街角处，建筑入口主立面呈弧线状，室内设计由此作为空间形态的线型母题，充分将弧线空间引入室内环境，并研究其不同半径及圆心点位所形成的大小不一，又相互呼应的圆弧空间构图，从每一局部节点到整体界面，从室内陈设到空间造型，圆润的弧线型态始终贯穿，成为本酒店设计的基本概念。

其次，该建筑最为不利的因素就是层高的限制，原本6.5m层高的首层空间，被要求一分为二后再设一夹层，并在夹层中要求安置餐厅、咖啡厅、会务等一系列功能。这将导致作为公共空间的层高极为低矮，相比纵深向所占有的面积，其层高与空间面积的比例将十分地不相适宜，尤其是位处夹层的餐厅和咖啡厅，空间的压抑感成为室内设计所面临的一个主要难题。

针对上述难题，设计发展出了一系列解决方案，比如将夹层的咖啡厅、餐厅等区域岛屿化，以此化解空间高度与面积比例失调所形成的压迫感。同时取消整体吊顶，配合区域化构成局部岛式吊顶，使乳白色的片段吊顶与深蓝灰的建筑整体楼板梁形成反差对比，犹如夜空般的深邃楼板，极大弱化了大面积顶界面的视觉压迫感，进而又自然形成裸露管线与结构，营造工业化的室内设计语言。又如，在大堂入口处，设计又将夹层楼板打通，形成一个扇型共享空间，使上下空间相互贯通，采用透明渐变玻璃分隔空间，从顶板均分垂落至夹层洞口侧壁处，构成大堂竖向垂线的韵律，继而将渐变高度设定在人们较为安全的围护感觉内，并通过渐变上端的通透玻璃，使共享空间顶棚与夹层吊顶位处同一标高，强化空间的整体延展性，进一步解放上下空间的封闭感，从而使餐饮区域获得更多的开放性。

而所有的解决方案，最终都将归属于空间照明的设计。通过照明进一步强化了空间的设计概念及材料选择的视觉特征，使空间的层次关系更为清晰。本案在解决照明方案的同时，还设计了几款独特的照明构造，但遗憾的是，由于灯光设计的高度抽象，工地现场对诸如色温、显色性、光束角、投光角、照度比等认识十分陌生，许多设计用材及节点被略视，使最终整体效果倍受折损！

本案设计在以解决问题为出发点的同时，工业化倾向的设计语言也是其另一主要概念。硬朗的金属线条、黑白分明的空间对比、浅绿色的穿插介入、圆润的独立型态等，使整个设计在工业感的氛围中更显时尚优雅，进而带有一种现代交通工具舱一般的室内环境体验。可以讲，这是一个以制约化为特色，并伴随后工业感形式的设计案例。END

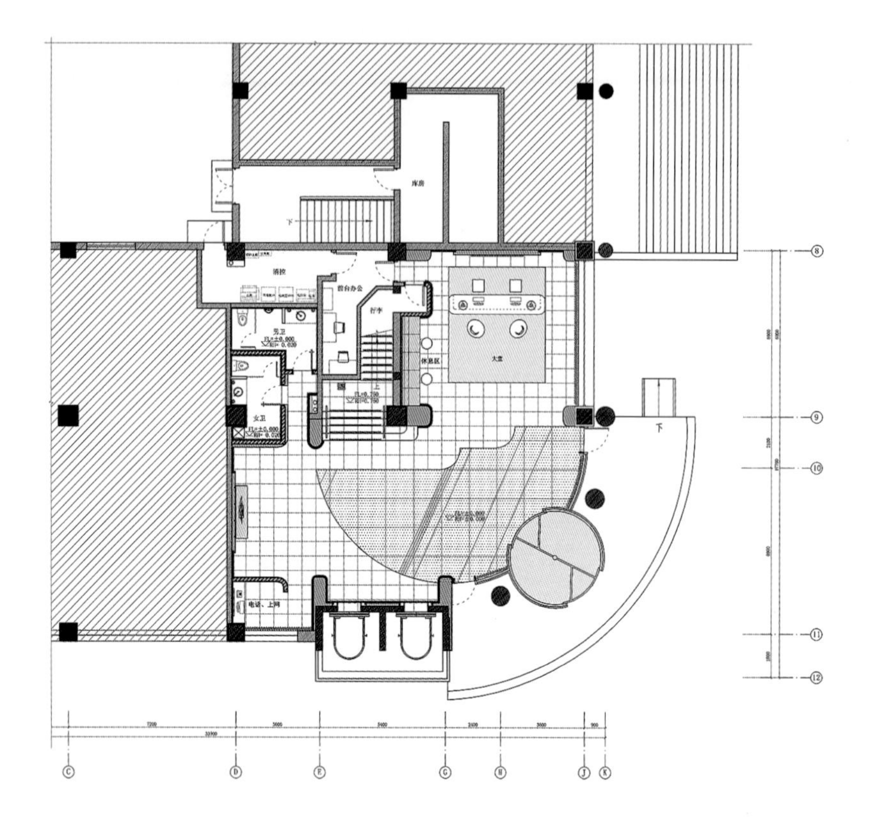

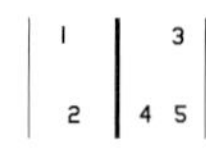

1 平面图
2 总台区
3 餐饮区一角
4 大堂
5 咖啡区

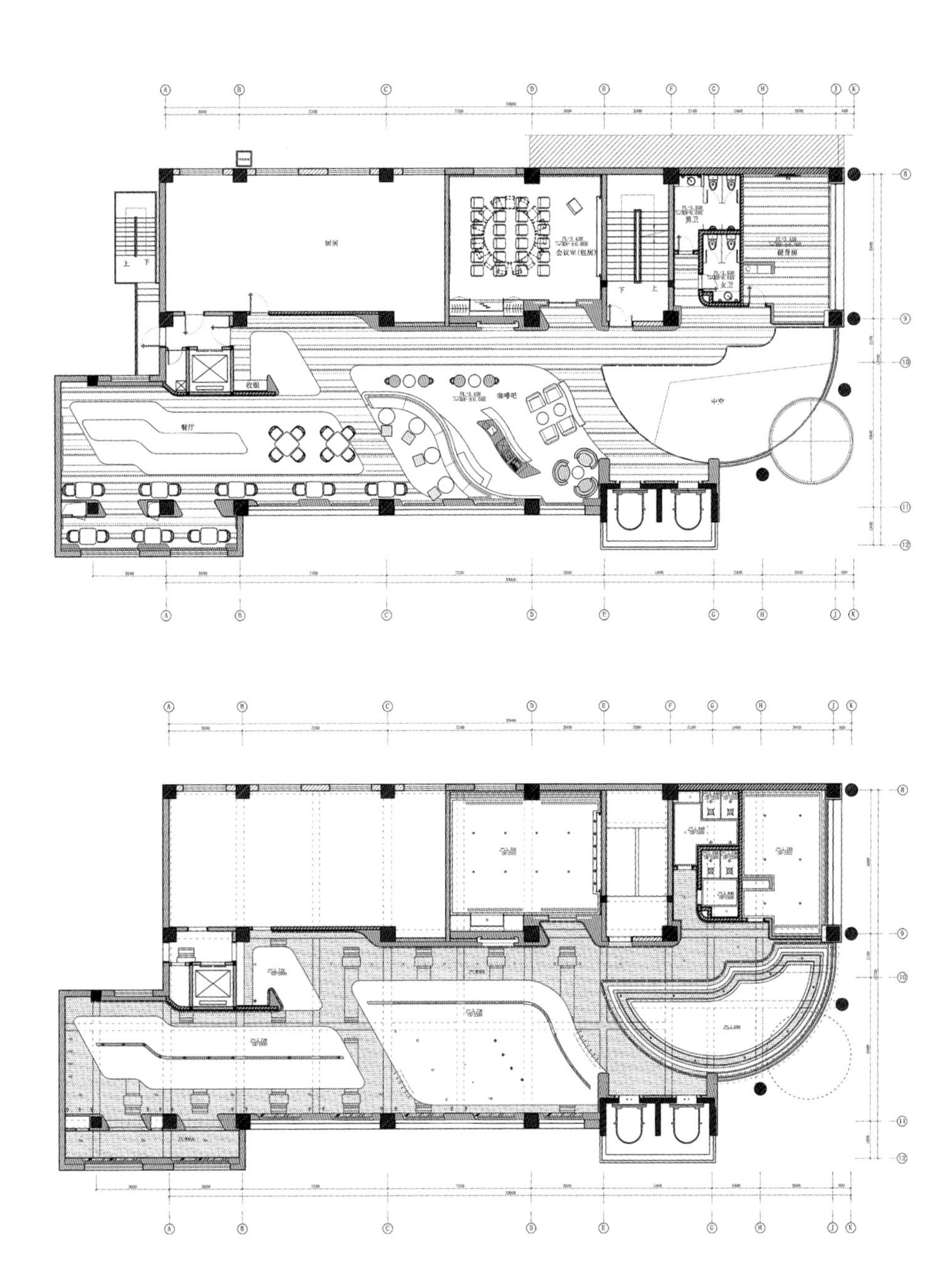

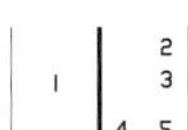

1 扇形回廊空间的光彩与材质

2.3 夹层公共区平面图

4.5 咖啡区

同一屋檐下·方太生活家

HOMELAND ·SHOWROOM OF KITCHEN ELECTRICAL FOTILESTYLE

撰　文　李容
摄　影　吴永长

地　点	北京三里屯春秀路
设计单位	吕永中设计事务所
建筑面积	3 000m²
项目性质	商业空间
设 计 师	吕永中
主要材料	再生竹，暖灰石材，瓦，胡桃木
竣工时间	2016年1月

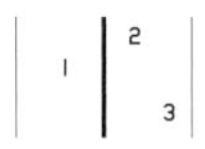

1 楼梯间
2 建筑外立面
3 主入口

好的设计，是精确建构某种特定的关系——这是吕永中从业20余年的感悟。这种精确、适度的建构，在他的最新项目，北京的“方太生活家”品牌展厅中，得到了再次呈现。

谈到北京展厅，难免会想到五年前的上海桃江路方太品牌体验馆。粗看两者的外在之形，只觉差异甚大。然而，如果静下心来，细细梳理那隐于外形之下的脉络，一条基于品牌成长积淀的线索将慢慢浮现出来。对于二者的区别，吕永中有一个比喻，如果说在上海展厅，是在摩登空间里饮一杯醇厚红酒，那么在北京，就是在自家的雅致书房品一杯清暖的热茶。

区别于体现摩登城市节奏的上海方太馆，设计师希望在北京建造一所能更多传达中国传统文化、人文情怀的生活体验馆，使之作为品牌在北京招待大家的客厅。

从选址开始，品牌方多次征询吕永中的意见。对于一个商业品牌来说，需要一处“福地”。几相权衡之下，最终定址在北京三里屯附近，四周遍布多层住宅、餐厅及各国大使馆，生活氛围浓厚。沿街草木郁茂、绿意盎然，自然环境条件对于北京这样的大都市而言已是不易。

大区位合适之后，需着重考虑的是规避建筑本身的天然缺陷。建筑原来为银行存档资料所用，时日久远，已经十分破旧。整体南北轴线狭长，东临街道，西靠住宅。由于东西两侧相邻的建筑和树木过于贴近边界，立面昏暗的绿色玻璃幕墙透光率过低，使得室内显得十分逼仄阴暗。因此，在建筑改造中，需要着重考虑营造一个足够有吸引力的立面和明亮的室内空间。

进入的过程：同一屋檐下

进入的过程比进入更重要。设计师用立面大屋檐、水景与多媒体视频塑造的大厅氛围，以及具有未来感的扶手楼梯，创造了一个超出常规，引人探寻的进入方式。通过私密和公共空间在水平及垂直方向上的层叠，延伸出丰富的路径和视野，诱惑来访者深入每个空间。

入口处，悬挑近3m的木质大屋檐沿着整个立面伸展近50m，通过对光线的控制，形成强烈的视觉特征。如同盗梦空间中的一个记忆点、一个生动的暗喻，教人不自知地被唤起了关乎家的温暖记忆。

将三层空间分割、再组织、重定义后，北京“方太生活家”在功能上亦呈现出一种多元复合的属性。一层作为会客大厅，是企业文化及产品展示区。厨电产品的陈列位置均按照实际使用中的情景真实还原，并在流线尽端安排拥有室外花园的角落书吧，可供人驻足休息，并与街区形成互动。上到二层之后，可见美食烹饪教学区。教学空间以白色为基调，配以银色、黑色为主的厨电用品，给人以明快之感，传递出一种新的烹饪理念，一扫人们心中关于“后厨”油烟满布的固有印象，开敞明朗的空间呈现出开放的姿态，可以想见人们在此交流料理心得，分享美食与美好生活之感悟的愉快氛围。三层南翼为多功能厅，企业新品发布会、文人雅集以及派对活动都可以在此进行。北翼“私厨汇”，是指针对VIP所设的专享区域，故而是这偌大空间内属性最为私密的区域。以半明半掩的藏书柜为隔断，若隐若现的素色帘子为遮蔽，辅以雅致而适用的家具陈设，进入之后，感受到处处精致细节的同时，也被空间中塑造的素雅气韵所打动。

场景营造：四季天井明堂

用楼梯天井打通天地，从顶到地狭长如瀑布的多媒体水景将整体空间融合在一起。高山流水，春夏秋冬，将自然的风、土、天光引入，阳光一缕，犹如潭水千尺。水池底部的材料别具匠心，采用了室外屋檐使用的瓦片，有呼应而又兼具丰富性。与此同时，通过一系列材料建构，形成具有层次的光线，所有的结构设计均与光线的照射方式相协调，并根据每层的不同需求提供了恰当的开放性与私密性。

设计师非常节制地选择了材料的种类，大面积使用了再生竹材料与暖灰石材，奠定了室内偏暖色的氛围基调。通过对材料肌理的多重处理，来丰富空间界面。例如，入目所见的立面竹格栅，并非简单的条形排列，而是调节比例秩序及细部起伏，辅以灯光的烘托，形成层峦叠嶂的丰富变化，并在恰到好处的地方精确留出用于物品展示的内凹平台。如设计师最初设想的一般，它如同镇守在核心区域的“木宝塔”，成为空间留给人最深的记忆之点。

最后，值得一提的还有一处必去体验的地方，便是三楼 VIP 私厨汇区域，逾 30m^2 的单人独立卫生间，有美名曰“听雨轩”。这是设计师记忆中的“后院”，砖石地面，珠帘隔断，想必在独自使用中，会另生出一番山水云雾的浪漫遐思吧。

方太北京生活家体验馆，追求的是人造与自然之间在对立统一中最舒适的关系，这也许正是中国建筑空间的精髓所在。作为设计师，深入了解自身文化之后建立的发自内心的自信，让其洞穿事物本质，用精确的控制力，营造内心的理想生活家园。END

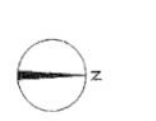

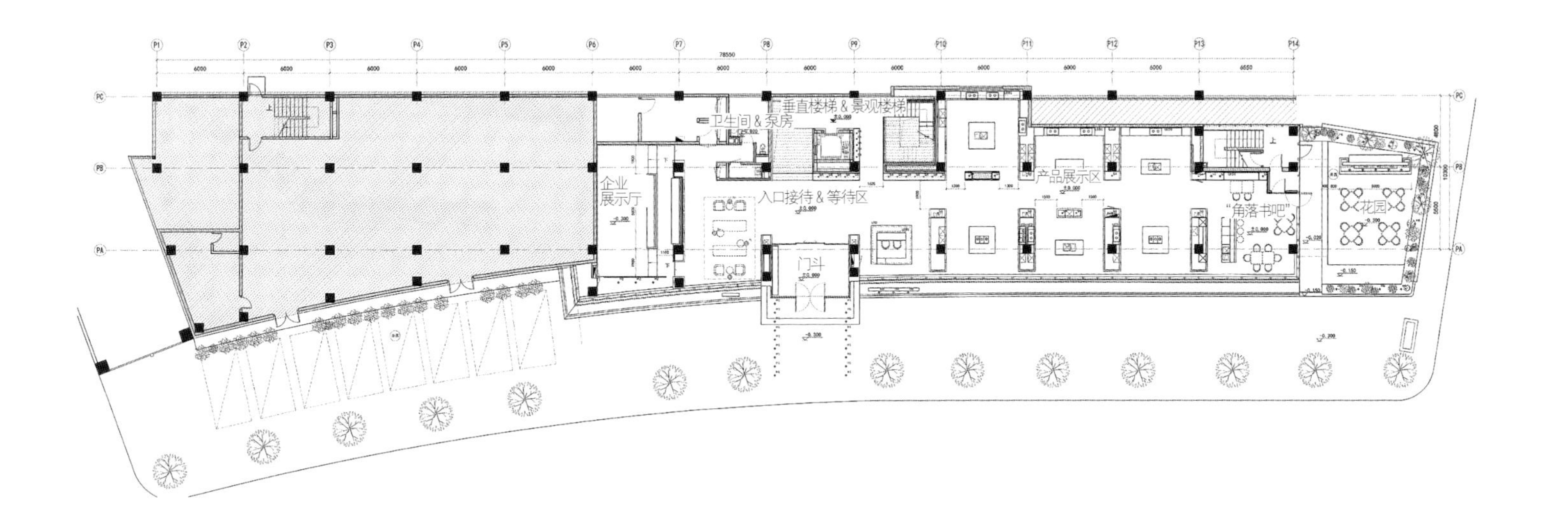

1 主入口
2 楼梯间
3 一层平面图
4 一层咖啡吧

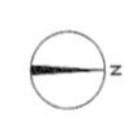

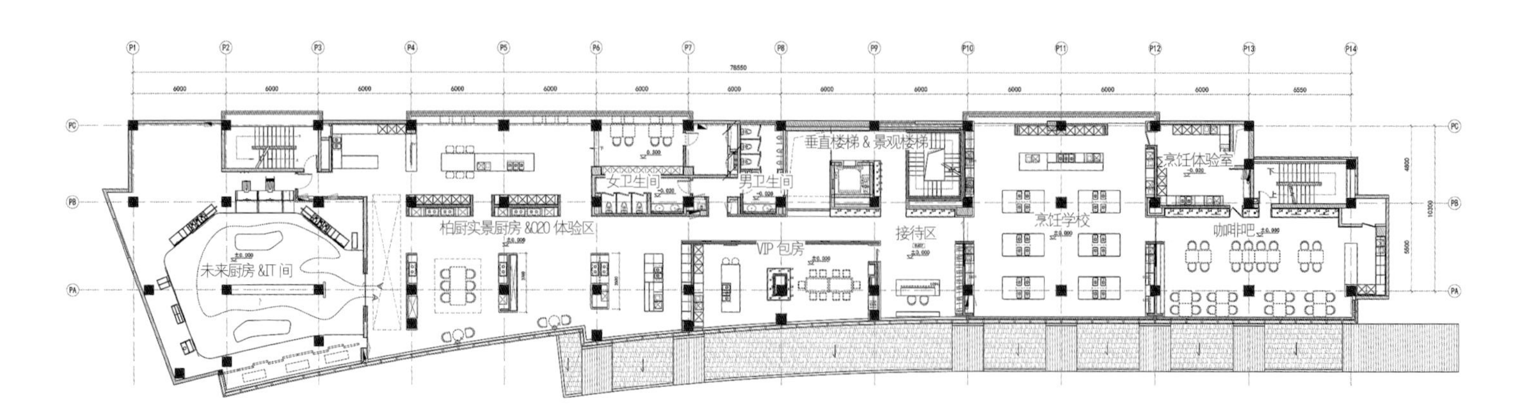
未来厨房 &IT 间
柏厨实景厨房 &O2O 体验区
女卫生间
男卫生间
垂直楼梯 & 景观楼梯
VIP 包房
接待区
烹饪学校
烹饪体验室
咖啡吧

1　二层平面图
2　二层咖啡吧
3.4　三层私厨汇
5　二层美食烹饪学校

实录

见涨火锅店

UPOT

撰　　文 | 小树梨
摄　　影 | 黎光波

主　　材 | 柚木 芝麻灰石材 白乳胶漆 钢材 清玻 红砖
面　　积 | 1380m²
设计公司 | 重庆年代营创室内设计有限公司
设计时间 | 2015年3月
竣工时间 | 2015年11月

1 用火锅底料命名的小包间
2 见涨火锅店外观

抛开设计圈不说，赖旭东这个名字在大家心里也并不陌生。凭着在综艺节目《梦想改造家》中将种种“不可能”化为“可能”，以及对住户各项需求的细心关怀，他成为了大家心目中的“暖男”设计师。而这一次，他在山城重庆再一次完成了身份的转变，自己投资、自己设计、自己试菜，开了一家属于自己的火锅店。

那为什么偏偏开了一家火锅店呢？赖旭东本是重庆人，对重庆火锅的偏爱是一部分原因。同时，他也考虑到了当下重庆火锅餐饮市场的一处空白区。相传火锅与码头文化联系紧密，再加上巴人性情爽直朴实，到今天，多数重庆火锅店的用餐环境都较为“原生态”。热闹、红火、人声鼎沸、还有红亮的汤底伴着腾腾的热气，让人心底也热腾爽快起来。但从另一面来看，嘈杂、喧闹也是不可回避的问题。对于那些远道而来既想一尝地道重庆火锅，却也想在享用美食的同时可小谈事宜的宾客而言，一家环境更为“讲究”的火锅店，或许会是个更好的选择。于是，赖旭东的“见涨”火锅店便诞生了。见涨这个名字，是赖旭东自己起的。见涨，简简单单两个字，好听好记，也有很好的兆头。

餐厅在整体的选材及配色上，并不追求繁复花哨，主要的材料有硬木板、红砖墙、灰色石料及白色乳胶漆。其中，红砖墙的处理尤值一提，普普通通的红砖墙面经过白色腻子刮了一道，再用帕子慢慢打磨，微微显出红砖的底色，朴实又不失雅致。

在设计餐厅时，赖旭东希望打造出的是一处“处处皆有景”的空间。他采用传统中国院落的“三进式”来分割空间。在“一进”的大厅，便有一处很是特别的水景设计。从顶棚悬垂而下的铁链，经过排布后，拟出了山之倒影的形态，既暗含了山城的名字，亦含蓄地向重庆历史悠久的码头文化致敬。铁链中还设有 LED 布点，布置并不均匀，故而在灯光由黄转红时，忽明忽暗地，让人联想到铁链被烧红的感觉，更加强了码头与渔火、传统与历史的意象。

在更往里的“二进”、“三进”空间的中央位置，赖旭东打造出了两处如同“天井”一般的景观。就像是自然的天光那样，柔和的白色灯光轻轻地洒落在下方的竹子、苔藓及山石之上。大堂的餐桌均围绕“天井”布置，形成一个“回”字，使得每一位客人在得享美食的同时，都能欣赏到古朴素雅的景致。而在每一个包间里，赖旭东也做了相似的“天井”的设计，而包间内素色的隔断、简洁且朴质的灯饰亦与边上“天井”的典雅布景相映成趣。

一家火锅店，若只有“雅”之一字，或许就少了些乐趣和滋味。赖旭东自是想到了这一点，再看看每一间小包间的名字，花椒、辣椒、生姜、大蒜……可不就是火锅底料的名字！最里处超大包间取名为“乱劈柴”，这个词在重庆方言里指的是“猜拳”，很是接地气。包间内还有一幅长画，画的正是赖旭东和他形形色色的朋友们，或喝酒，或划拳，不亦乐乎！而大堂的白墙上，也做了一些“辣椒”形态的浮雕，不失为点睛之笔。

见涨，不得不说，这确实是个极妙的名字。但至于是生意见涨，抑或是朋友间交情见涨，还是对美食、生活的热情见涨，或许每一个去过这家火锅店的人都会有自己的理解。END

1 以铁链、山石打造出的大堂水景设计

2 以“乱劈柴”为名的大包间

3 用火锅底料命名的小包厢

4 “处处皆是景”的用餐环境

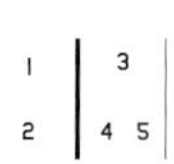

1 小包间内景

2.5 从大堂看向“内天井”

3 大堂白色墙壁上的辣椒浮雕为空间更增添趣味

4 大包间内印有赖旭东和朋友们照片的长画

零排放先锋住居

ZEB PILOT HOUSE

翻　译	小树梨
摄　影	Paal-André Schwital
资料提供	Snøhetta

地　点	挪威拉尔维克
建筑面积	220m²
设计师	Optimera, Brødrene Dahl
设计公司	Snøhetta
竣工时间	2014年9月

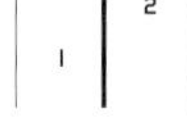

1 小屋外观及园内泳池

2 东南向立面

Snøhetta 事务所一直与零排放建筑研究中心（The Research Center on Zero Emission Buildings）保持密切的合作关系。而这处建在挪威拉尔维克的零排放示范小屋亦是事务所与该研究中心合作伙伴（Optimera, Brødrene Dahl）及另一独立研究机构（SINTEF）合力完成的作品。小屋可供一户小家庭使用，同时它也兼备展示平台的作用，以促进综合可持续营造方法的传播。

极具特色的东南向倾斜面

小屋在东南朝向有一处很有个性的倾斜面，其上的坡屋顶覆有太阳能电池板及收集器。除了太阳能，小屋还设有地热能源井，两相配合供能，可满足住户的能源需求。令人惊奇的是，小屋甚至能产出额外的能源，可供一辆电动车一年的能源供给。由此可见，当建筑与科技相交汇，或许能制造出意料不到的惊喜，同时实现舒适与能源使用的最优解。

日光、景致、绿植，以及开放的室外空间，经过设计，形成了一种协调之美，同时也在视觉上平衡了密封窗和墙体的观感。通过玻璃幕墙及优质保温隔热材料的选用，以及对建筑几何形态及体量的审慎考虑，小屋最终实现了被动式供热及制冷。而在选用室内材料时，设计师也十分关注材料能否打造良好的室内微气候、维持高品质的空气以及具有一定的美观性。

环保愿景和设计理念

高环保要求往往能在设计过程中创造出新的指标参数。就某种程度上来说，这亦迫使了新设计工具的投入使用、各学科更紧密的合作关系以及对场地资料更详尽的文档编写。而这栋小屋，也可以说是促进了创新设计在跨学科合作方面的实践。这个项目是环保节能领域的一次勇敢创新。它的完成离不开对新技术、当地能源情况、建筑材料以及建造技艺的深刻理解。而正是基于此，能源利用的最优化才得以实现。

同时，通过非量化的手段，该项目也致力于营造“家”的氛围。除了对能源的关注，设计师也十分注重感官上的舒适与幸福感。室内柔和温暖的灯光、线条明朗的家具以及浅色的木地板，简单之中又不乏一个“家”所特有的温馨感受。中庭的墙的饰面由木柴及砖块做成，故而即使身在这样一处先锋试验性的住居里，仍能有一种生活在小木屋里的淳朴自然之感。

屋外偌大的园子里留出了足够的空间，可满足各种活动的需要。其中就有一泳池，边上的淋浴设施以太阳能供热为主、地热为辅，而桑拿室的供热来源主要为木柴。在园子东部，设有家庭早餐区域，由可循环木材铺装而成，创造出极具吸引力的界面，同时，在这个方位还能一览相邻牧场的美景。园内还植有一些果蔬，表现了对家庭食物自给自足模式的探索与尝试。END

| 1 2 | 4 |
| 3 | 5 6 |

1.2 中庭

3 园内东部早餐台

4-6 室内细部

朱乐耕的环境陶艺世界

撰　　文 | 张守智（清华大学美术学院教授）
图片提供 | 朱乐耕工作室

朱乐耕是中国的具有国际影响力的当代陶艺家，我和朱乐耕的认识是在1970年代末，那时他在中央工艺美术学院陶瓷系（现在的清华大学美术学院）进修，当时他才20多岁，我又和他的导师施于人先生是中央工艺美术学员的同班同学，多年来，我几乎参加过他在国内的每一次展览的开幕式及研讨会。由于这些种种原因，让我近距离的看到了朱乐耕是如何从一位青年人走到今天的，对他的成长之路和作品的风格也有较多的认识和了解。

他是一位极富创造力的当代陶艺家，在我的印象中，30多年来，他不断地推出自己新的作品，他的每一次展览都让观众们耳目一新，而且每一次他的新作品展出后，马上就有不少的追随者和仿制者。不仅是在陶艺界，也包括在以其他材质为创作的公共艺术、环境雕塑、装饰绘画等领域，我们都能看到他所开创的许多新元素被众人学习和仿制。

虽然朱乐耕的作品非常丰富，有环境陶艺，还有许多大型的陶艺绘画和生活器皿等，但我认为，他的最具开创性的作品，还是他的环境陶艺装置壁画和雕塑。2000年，朱乐耕接受了韩国麦粒音乐厅的邀请，为其制作系列的陶艺装置壁画。麦粒财团的负责人洪正吉希望朱乐耕能将这座音乐厅建造成一座陶艺宫殿，建筑的内外全部以陶瓷艺术品包围，而且希望要用全新的现代陶艺语言。这对于朱乐耕来讲是一个极大的挑战，他花了前后四年的时间，用了一百多吨瓷泥，完成了系列的陶艺装置壁画。其作品不仅具有艺术性而且还有功能性，而且还有很好的音响反弹效果，这是世界第一例用高温瓷做成的音乐厅，不仅在国际陶艺界，在国际音响界都受到了强烈的关注。

我于2006年到韩国首尔麦粒美术馆参加第二届东亚陶艺展，同时也是朱乐耕在麦粒音乐厅的陶艺装置壁画全部完工的落成仪式。中、日、韩三个国家的陶艺家，见证了这一巨大工程的最后完工。我和中日韩的陶艺家们一起参观了他的这些作品，非常震撼！他的这一系列作品奠定了他在国际陶艺界的地位，不少国际上的陶艺杂志和音响杂志都以这一系列的作品为封面。现在这座建筑已被称之为陶艺宫殿，成为韩国首尔的一处重要的人文景观。这一作品的重要之处是朱乐耕从室内空间迈向室外的一大步，而且开创了建筑陶艺的新篇章。

在这之后他又在韩国首尔圣心医院，韩国济州岛肯星顿酒店做了系列大型的环境陶艺作品，成了在韩国知名度非常高的当代陶艺家。同时他还在中国的上海浦东机场、天津瑞吉酒店、九江市民广场等地做了系列的环境陶艺装置壁画，同时他的环境陶艺雕塑也被置放在许多重要的公共空间，如上海喜马拉雅美术馆、国家大剧院、景德镇陶瓷馆等。朱乐耕用他的作品在不同的国家和城市构成了许多具有艺术性的公共空间，给予了人们美的享受。END

| 1 | 2 |
| | 3 4 |

1 《生命之绽放》局部
2 天津津门瑞吉酒店，《流金岁月》
3 上海浦东机场 2 号航站楼，《惠风和畅》
4 韩国首尔麦粒音乐厅，《时间与空间的畅想》

1 朱乐耕先生在工作室中创作《中国牛》

2 景德镇中国陶瓷博物馆，《中国牛》

3 韩国首尔麦粒音乐厅外墙，《生命之光》

4.5 韩国肯辛顿济州酒店，《生命之绽放》与《天水之境像》

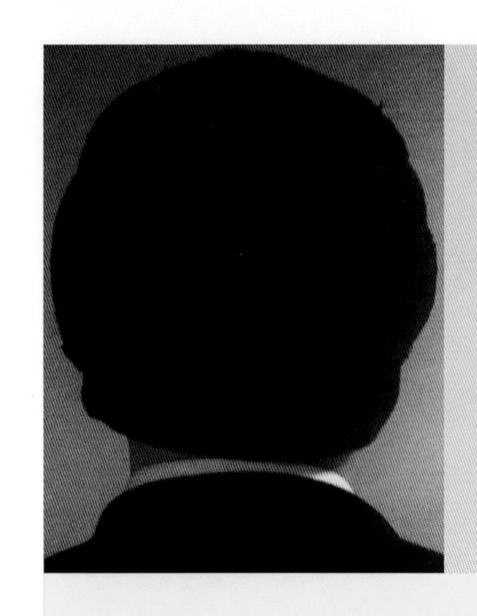

闵向

建筑师，建筑评论者。

和现实相爱相杀的规范

撰 文 | 闵向

人们，尤其年轻人，都痛恨规范。规范死板，且不可违背，我们认为规范杀死了创意。但是，规范考虑的其实是安全，它考虑的出发点是基于所有使用者都无视安全。没错，不管你是高学历还是文盲，城里人还是乡下人,规范一视同仁地假设你们是无知的，都是潜在的麻烦制造者。出于不怕一万，就怕万一的考虑，规范的存在就是要杜绝所有隐患的可能性。

别以为规范把你们当小白。2008 年汶川大地震时，上海也有震感，当时我所在集团的一名高级结构工程师直奔楼梯间、一口气跑到底层。也有专家建议大火时要往厕所躲避。事实是，地震时建议大家躲在桌子下或者厕所，发生大火则要往楼梯间跑。因为地震时，楼梯间是薄弱环节。而大火时，厕所里的水会在高温下形成水蒸气伤人。

你看即便规范制定者考虑得这么细致，一旦发生突发情况，大家依旧忘得一干二净，凭着自己直觉自行其是。我不止一次地向物业提出，他们应该告知全部住户不要因为嫌进出麻烦而把楼梯间的消防门用木楔固定、造成消防门敞开，这样会失去消防门对于封闭楼梯间的保护作用。可是，物业和住户们毫不在意，因为这个“万一”的几率太低。每次遇到重大事故或者灾害时，大家一时激动，过后照旧我行我素。鉴于此，规范制定者怎能放心，一定考虑得事无巨细，考虑到使用者的安全意识、体力和智力，甚至任何技术上的辅助措施都基于假设失灵的前提下，设计需要保证事故发生时能够把伤害减少到最低。中国的规范算是世界上考虑问题最周全的。

但这种基于安全的思路和奔放的设计之间的冲突日益剧烈，当大家都在咒骂规范的时候，我倒是要说几句。我曾经痛恨设计中因为落地窗要求安装难看的安全栏杆，甚至不允许借用窗台高度来达到规范高度的要求。我知道这是规范制定者考虑到了攀爬的可能性，难道真有人这么做吗？直到我在电视中不止一次地看到小孩爬到窗台坠楼的报道，才明白真有人会这么做。我也曾经对规范中对安全栏杆的高度和间隙严格规定感到不可思议，关键按照规范来设计，建筑简直就成了一座“监狱”。但当我看到小孩在无人看管的情况下在不符合规范的栏杆中攀爬坠亡的时候，我想失去孩子的父母不会第一时间反思自己的监护不力、而是问责物业的时候，我理解了规范制定者背后的那种无奈。

我们平时对危险没有防范意识，遇到危险又不习惯从自己身上找原因，那种欢呼日本故意制造危险来教育孩子的幼儿园的设计师，一旦自己的孩子出了安全事故，他们的第一反应一定是问责幼儿园。所以，没有哪个中国幼儿园的园方会去承担这个责任。所以我现在对这种欢呼已经没有感觉。

痛骂规范约莫是设计师的习惯，其实规范保护的是设计师自己，尤其现在是设计的“永久追责”制。每次，我看到某个著名的校区那个突兀在走廊上的台阶，我就不禁冒出一丝寒意。这个有严重安全隐患的设计存在，其实就是一把“达摩克利斯之剑”悬在那位注册建筑师的头上，当然不会悬在那个由此建筑获奖的那位头上。一旦有人刹不住脚出了事故，那把剑就会砍倒那位注册建筑师，只要他活着。朋友嘲笑我对规范的重视失去了创新的勇气，我坚持认为这种微不足道的创新不值得付出我的职业和某个不幸万一的使用者的生命。但凡无视别人的万一的举止是不符合我的价值观的，我没有这个权利。

我记得上大学时，关肇业先生曾经提到过，千万不要在室内设计一步台阶，否则容易摔跤。可惜我发现如今在大大小小的空间中一步台阶比比皆是，小心如我经常因为这个会趔趄，每次趔趄的时候，我都会想起关先生的话。但我也知道设计师根本没有这个安全意识，也不考虑人的体验，他们有太多的设计托辞。唉，当我听说著名设计师 Pak Jaya Ibrahim 是从楼梯上坠落身亡时的第一反应是，这楼梯一定不符合中国的设计规范（后来也有说法 Pak Jaya Ibrahim 先生是病重过世）。END

陈卫新

设计师，诗人。现居南京。地域文化关注者。长期从事历史建筑的修缮与设计，主张以低成本的自然更新方式活化城市历史街区。

想象的怀旧——飞行器

撰　文 | 陈卫新

上一回，也是四月，没有太阳，风大，但短促，带着细砂，像父亲给过的耳光。我把做好的木鸢拖到沙洲后面山坡的最高处，用一根短短的木桩抵住。那里的草长得茂盛，超过了我的小腿，并一直往前伸向江水合汇的地方，无边的绿，绿得刺眼，让人心慌。我用一根麻布带子扎在眼睛上，试图缓解这种生命的光芒，开阔的天空被分隔为好些格子，每个格子的边缘都是拉毛的，我知道我随时可能飞去其中的一个格子，那里很深，几辈子那么远。村里人都以为我不是一个合格的农夫，甚至早已失去了继承土地的能力。自从上次大水退后，我就没日没夜地造这个怪物，几乎没吃什么东西，只喝酒。喝酒好啊，那么轻滑，不像那些带毛的肉多么粗糙，难以下咽。我的身体变得很轻，皮肤红润渐而透明，像草地上飞来飞去的种子，一种很轻的红色的种子。我知道，好木料的根须是与树身一样长的，所以我在地上挖了一些窄小的孔洞，以便听到那些根须吮吸水份的声音，并由此判断它内心的好坏。有些树看上去很好，但心是空洞的，木质也缺少弹性。人也这样。他们会偶尔经过，并追问我，你造的是什么？我只是重复地反问他们，你要的是什么？听多了，他们便露出烦躁惊恐的神色。他们甚至告诉我父亲说，你们家的班，疯了。

许多事情就是这样，当你以为你已经做好一切准备的时候，那个决定性的东西偏偏没来，而且因为没有那件东西的到来，之前的一切准备只会显得毫无意义。比如打一把刀，最后需要的是一桶凉水，发着冷光的水。我喜欢听见红得透明的铁带着火焰掉入水里的声音，一种压抑着的叹息。比如此刻，我需要的是风，不是短促的急风，最好是长久的、有耐力的大风，我与我的木鸢在沙洲的山坡上，候了四十三天了。我的酒已经空了好多坛，那些空坛子倒伏在青草里，不时有气流旋转进去，发出嗡嗡的声音。我不想与它们对话，它们要么是一张嘴，要么是一只耳朵，它们没法完整

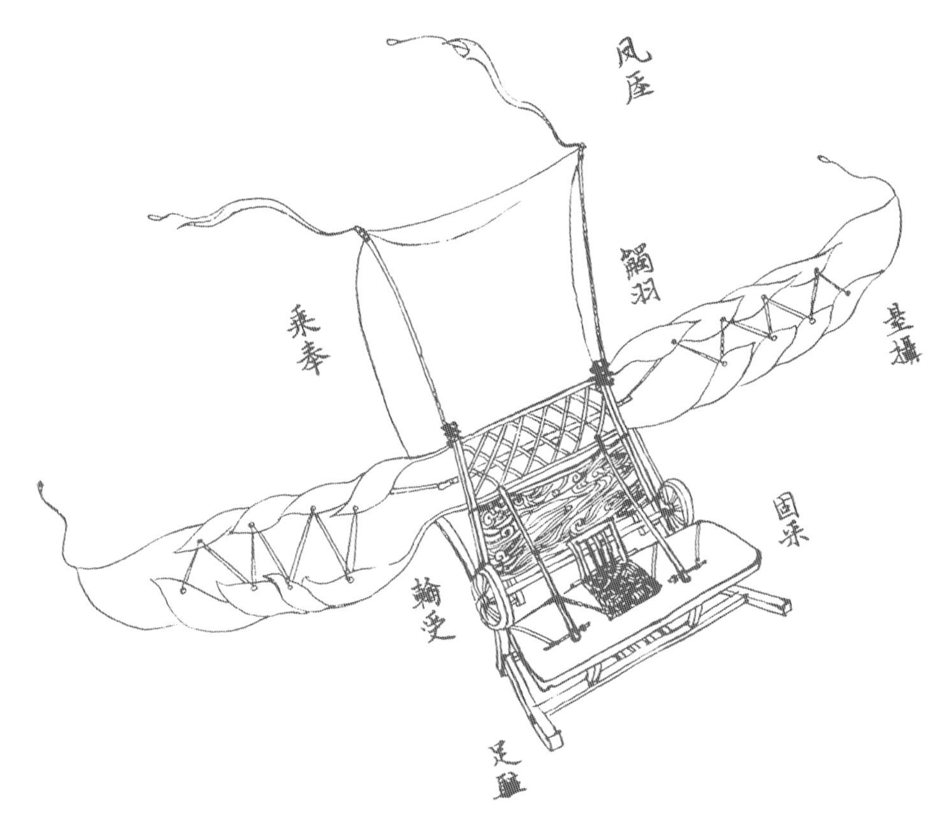

木鸾组件图

地与我交流。天，倒还是那么安静，田里有人在犁地，我能闻到新鲜的土味，远处的江面上有更远处山的倒影，山与水，其实又有什么分别呢？自从我把最后一片触羽的皮索扣好，心里便与这些细小的羽毛一起颤抖着，我熟悉这种颤抖。我总想从更高的地方看这块土地。村里人搭了木寮，供了山神，他们不让我进去，因为我说了，山只是一个点，没有高度，只是一个中间小周边大的点，像是乳晕。听的人又笑又恐，以为大不敬。他们甚至恨我这样说话的腔调。我用皮、麻、木条制造乘奉、触羽、凤压、悬摄、固采、轮受、足驻，并安装调试木鸾，只是想告诉他们，从另一个角度看，山的确就是那样的。木鸾组件的名字来自我以前的一张草图，那年，我大约十六岁。那年，大水刚过，地里一片荒凉，别人哭泣之时，我的眼里看到的都是肥料，我知道往后一定会是个丰收的年份。这算是一种预见吗？村里曾有个做酒的人，就有这样的能力。他通过酒酵推算来年的收成。事情的好坏都是这样，换个角度，全然不同。我不住在村子里，是因为他们无法相信我会放弃耕种，去打造一只毫无用处的木鸾。我住在山坡一侧的树上，那里的枝叶疏朗，夜里会有露水滴在脸上，我贴近树皮如哑蝉一般安静。日暮的时候，可以看见归鸟在微光里缩颈而眠，虫鸣像是从竹器中筛下来的，无休止地跌落。那一刻，沙洲远处的水线会显得特别地纤细，白练一样，在黑夜里缓缓而动。人生何处不是细水长流呢？木鸾几时能飞，即便飞了，也未必能决定方向吧。那些拉毛的方格子天空依旧固执地显现着诱惑，这一点让我一刻不能停息。木鸾停在不远的地方，在黑暗中一声不吭，像一棵树。木鸾的座椅其实是朝向后方的，这也意味着无论风吹向何方，乘御者都是面对来路的。关于木鸾，最特别的设计是在触羽的连接处，那里安放了藤木的种子，它们成长迅速，会在空中逐渐茂盛，直至让木鸾缓缓地重回地面。但这已是个被泄露的秘密，因为现在我清楚地听见那些种子破裂发芽了。END

高蓓，建筑师，建筑学博士。曾任美国菲利浦约翰逊及艾伦理奇（PJAR）建筑设计事务所中国总裁，现任美国优联加（UN+）建筑设计事务所总裁。

吃在同济之：铁打的食堂流水的学生

撰　文 ｜ 高蓓

刚进学校的时候，靠近西北片区的食堂新建不久，楼下叫一食堂，楼上叫四食堂，提供的饭食应该有所区别，只可惜我一直都没觉察到。我们的宿舍楼就在附近，所以它就成了吃饭的首选。四食堂过了饭点还提供一些吃食，馄饨点心什么的。大一的美术课对我来说是煎熬，只有拼命画下去，冬天有时候画完天都黑透了，收拾收拾直奔四食堂买两个饼，冷清的日光灯照在白瓷砖桌面上，夹带着美术课带来的焦虑，是我对四食堂深刻的记忆。

食堂门口有两排水槽，水槽旁边是两个偌大的泔水桶，学生们把剩菜饭倒进泔水桶里，在水槽里洗碗。开学的时候每个人都发两个搪瓷饭盆和一个不锈钢勺子，文子用了五年，我用了四个月。

然后就没有然后了，我是怎么活下来的，我怎么也想不通。进校以后用的是饭票，大三的时候改成磁卡结账了，文子用了两年，我用了三个月，然后就没有然后了，我是怎么活下来的，没人想得通。

搪瓷盆丢了，我也没有再买，深层原因是洗碗，你知道这对我来说又是一件难度系数很高的事。洗碗的水都是冷的，怎么对付一碗的油腻？有些女生带着洗洁精，还有拿回寝室仔细洗干净的，这意味着你要随着带着家伙，或者吃完饭必须得回趟寝室，这程序太复杂了。谁说努力过了就没有遗憾，我努力过了，饭盆还是黏糊糊的，手边的书本包袋也全部都湿漉漉。当然，这对锦来说也是一个挑战，但她总有勇气直面。有一次她说武大有些学生吃完了饭，再买一二两白米饭，用它来洗刷饭盆，便宜去污不伤手——想想的确是极其作孽却行之有效的方法。这个故事唤起了我其后二十年来对中国农业问题的关心，再看陈桂棣《中国农民调查》的时候，多次觉得锦的故事是形象地说明中国农业产销、社会配给和伦理困境的简短案例。

二食堂是一层楼，嵌在电气楼和大学生活动中心之间，南北两个门，一个对着西南宿舍片区，一个对着教学中心区，整个食堂可以称为一条巨大的走廊，不，更确切地说，是隧道。向走廊远远的两头看去，洞口明亮的眩光好似彼岸，中间昏暗幽深。一侧是卖饭的窗口，一侧是座位，暗弱的灯光为食物铺上一层油腻的调子，视觉上极大程度地满足了食量惊人的男青年们长年油水不足的痟困。

对，二食堂的用户以男生居多，他们成群结队，动作飞快，声音响亮，把搪瓷盆磕在桌面上也很大声。虽然二食堂早在文化大革命时代就有了，它却提供了最早的汽车餐厅雏形，男生们骑着自行车从南门进来，买好饭，一手拿饭盆一手扶车把穿过食堂从北门溜去也。

隧道放大了他们的噪声，带给我军训一般的惊恐。我去二食堂吃饭至多三次，像文子这样的，一次都没去过。

文子是讲究人，没有三食堂的小排汤最难将息，三食堂还有小炒。为了吃饭跑大老远，只能说明她以前的生活太好，现在没法凑合。文子中学就是住校的，中学食堂里的菜色直到现在她还记得，我为了写文章问她大学里面我们都在吃什么，她说："各种难吃的。"当然，重庆人民的幸福指数一直都很高，多年以来严重妨碍了文子创造随遇而安的心情。

刚入校的时候，有一个同级的男生和文子交往，每天晚上都要去西餐厅买一个牛肉饺带给她，这是她唯一入眼的吃食，尚能平复她突然离开火锅滋养的内心。寝室里的女生旋即称呼那位男生"牛肉饺"，虽然抵达一个身在异乡的重庆女生的内心道路也通过胃，可是"牛肉饺"终没料到这些粗糙的小点心很快是会被吃腻的。

西餐厅听起来像是很有档次的样子，其实就是小小的一间，加上售卖些点心的柜台，房间里是有几张木质的卡座，最重要的是，它一天到晚都开着。男女生的交往都是即兴的节奏，还好，有西餐厅、风味餐厅这样的地方。

西餐厅前些年就被拆了，现在是宽大悠闲的斜坡绿地，天气好的时候，男生女生们又坐又躺，横七竖八的，开始有点大学校园的样子。这情调算是继承了此地的历史文脉，只是名字有点露骨没文化，叫做情人坡。唉，看来大家都没我当年讲究，莫不是直接之爽早就淘汰了迂回之美。

第一次约会是和一个叫做奇的男生在西餐厅，之前我们已经一起在校园里散了半天的步，没有要分别的意思。天，我现在除了他长得帅以外什么都回忆不起来，不仅是因为我记忆商太差，重要的是我当时完全失去了理智，我出门前喝了两大杯水，实在忍不住了，想要去洗手间！

这是一种深刻的体验，相信我，生理上的极限体验远比心理上的要深刻得多。我开始头晕，全身紧张，脑海里只有一件事情：到底怎么办。到西餐厅坐一坐是我提议的，因为我已经走不动了，可是我多么地难以启齿：等我一下，我想去洗手间。

这种促狭而尴尬的生理需要，和心与精神的交流相比，是多么地煞风景，与我纯净脱俗的形象是多么地不相容。

我坐在他的对面，眼睛酸胀，视线模糊，肌肉痉挛，我用手指掐住桌沿，脚趾间抵住地面，全身如同一张起飞的弓，当然我说不出话来，过了很久，也可能是一会儿，我们就告别了，有时候并不是只有喝醉才能断片儿，西餐厅也可以是神志不清之地。

后来没有见过奇，躲着不见，再后来西餐厅被拆了，我终于摆脱了条件反射，愉快地行走在草坡上，你懂的，乾坤朗朗一身轻松。

不那么脱俗以后，开始自然而然和男生们交往。中学同学谦来了，我请他吃排骨年糕，那么一大碗，那么甜腻的香气，那么大块到一点卖相都没有，在风味餐厅。

一个睡觉都在听 Michael Jackson 的文艺男青年，考到青岛化工学院学橡胶，学了一年多，学到抑郁，只有戴着耳机茫然游走到上海，对着排骨年糕和我哭出声来。面对一切困境，最好的语言都是"吃点吧"。

"那天风味餐厅里只有我们两个，记得吗？"后来他问。我忘了，我说。END

教授、建筑师、收藏家。
现供职于深圳大学建筑与城市规划学院、东南大学建筑学院。

灯火文明
省油灯及其他

撰文、摄影 | 仲德崑

中国古代的油灯，究其本质还是一种日常用具。既然是一种用具，就如同我们现代的各类产品，具有功能、材料、技术、造型等等属性。因而，也就不言而喻地具有技术含量和设计因素。

毫无疑问，灯具的基本功能是照明。但是，除了这基本的功能之外，在我收藏的灯具中，还可以发现有绿色节能、多功能、高效率、便携、防风、清洁、等等话题可以说说。

绿色节能省油灯

中国许多地方都有一句俚语，常常说，"这人真不是一盏省油的灯！" 其意褒者，指某人精明干练，足谋多智。然而此语大多情况下含贬意，暗指某人攻于心计，奸狡圆滑，老谋深算，不好对付，不好说话，贯于损人利己。"省油的灯"一语源于何时何地我们暂且不论，但其来源于唐代邛崃窑发明的省油灯，却是非常明显、无庸置疑的。

在我收藏的油灯之中，有唐代邛崃窑的两盏灯，一盏是青釉，一盏是绿釉（图 1、图 2）。釉色不同，造型和原理一样，体现了省油灯的科技含量。其结构原理在于把灯盏做成夹层，中空注水，以降低灯盏的油温，减少油的挥发，以达到省油的目的。

这可不是杜撰，宋代文豪陆游在《陆放翁集．斋居记事》中说，"书灯勿用铜盏，惟瓷盏最省油。蜀中有夹瓷盏，注水于盏唇窍中，可省油之半。" 陆游《老学庵笔记》又云："《宋文安公集》中有'省油灯盏诗'，今汉嘉有之，盖夹灯盏也。一端作小窍，注清冷水于其中，每夕一易之。寻常盏为火灼而燥，故速干；此烛不然，其省油几半。"

对于中国省油灯，英国著名学者李约瑟在《中国科学技术史》中说到，中国唐宋时期的省油灯，预示了现代蒸汽与冷却水套技术的精髓，比如我们今天驾驶的汽车，其发动机的冷却，使用的就是水冷技术。而中国唐宋时期的省油灯的冷却原理和省油诀窍，又何尝不是我们今天建筑设计低碳，节能，减排理念的先驱呢。

唐邛崃窑省油灯中也有比较注重装饰的作品，比如这盏青釉点褐彩模印人物省油灯，手柄做成模印的人物，而人的背后则藏了一个注水孔，造型十分精美（图 3）。

过去，一般认为省油灯出自蜀中，所以提到省油灯，都是说邛崃窑产品。其实在我收藏的省油灯中，居然覆盖全国许多窑口，造型也颇为丰富。可见当时的技术文化交流还是十分活跃的。

如唐黑釉省油灯（图 4），显然出自我国华北。这盏灯的注水口同时也是油灯的把手，把造型和实用功能结合起来，十分之巧妙。

宋景德镇窑青白釉省油灯（图 5），说明在宋以来中国瓷业中心的景德镇也使用

图 1 唐邛崃窑青釉省油灯

图 2 唐邛崃窑绿釉省油灯

图 3 唐邛崃窑青釉模印人物省油灯

图 4 唐黑釉省油灯

图 6 宋湖田窑青白釉莲花省油灯

图 7 元青白釉省油灯

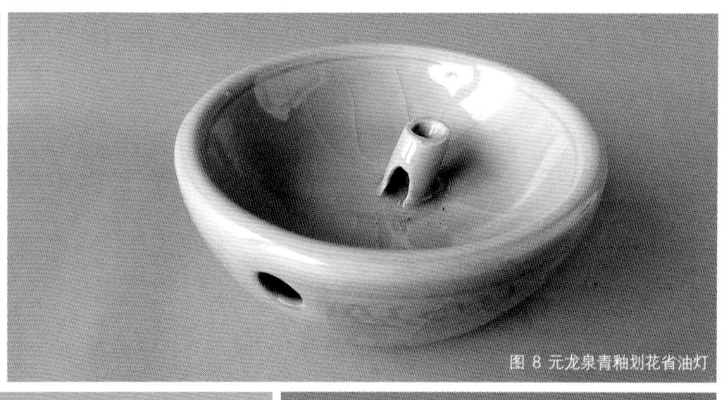
图 8 元龙泉青釉划花省油灯

图 9 明景德镇窑仿哥釉省油灯

图 10 明黄釉印花省油灯

图 11 明景德镇窑青花"百子千孙"省油灯

图 12 明德化窑鳝鱼黄釉省油灯

图 13 明德化窑酱釉印花省油灯

图 14 明宜兴窑仿钧釉省油灯盏

图 15 唐茶叶末釉敞开式省油灯

图 16 宋酱黑釉开敞式省油灯

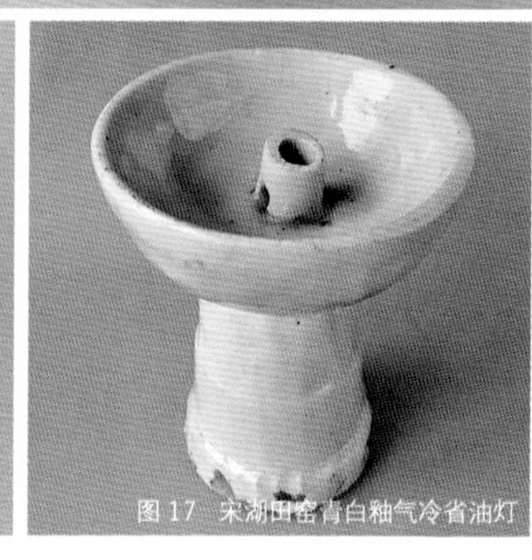
图 17 宋湖田窑青白釉气冷省油灯

图 5 宋景德镇窑青白釉省油灯

省油灯技术生产造型优美，有色如美玉的省油灯。

宋湖田窑青白釉莲花省油灯，其造型是仰覆莲，覆莲为座，仰莲为盏。仍是夹瓷盏的形式，侧壁留孔，供注水。此灯釉色晶莹剔透，有如玉一般的清澈温润（图 6）。

这盏元青白釉省油灯，说明唐代邛崃窑创烧的省油灯到了元代景德镇不仅继续在烧，而且有了进一步的发展，制作工艺更加简易便捷（图 7）。

宋元时期的龙泉青瓷是中国瓷器发展历史上的一个重要里程碑。这盏元龙泉窑青釉划花省油灯，从境外回流，是不可多得的精品（图 8）。

明代也可以看到各个窑口烧造的省油灯。如图 9 的明景德镇窑仿哥釉省油灯，图 10 的明黄釉印花省油灯，图 11 的明景德镇窑青花“百子千孙”省油灯，图 12 的明德化窑鳝鱼黄釉省油灯，图 13 的明德化窑酱釉印花省油灯，图 14 的明宜兴窑仿钧釉省油灯盏，可以说是遍布全国各大窑口。而且，釉色和制作工艺也各有千秋，丰富多彩。

省油灯除了采用封闭式水冷技术之外，还有采用开敞式水冷技术的。如这盏唐茶叶末釉敞开式省油灯，在油灯盏和盏托之间留有水槽，其中注水，用来降低灯盏中的油温，同样可以达到省油的目的（图 15）。这盏宋代北方窑口的酱黑釉开敞式省油灯（插图 16）。

这盏宋湖田窑青白釉省油灯，让我们看到气冷技术在省油灯中的应用。油盏和外壁之间留有一层空腔，其中的空气可以起到散热的作用（图 17）。

图 24　汉青铜龟鹤座行两用灯

图 23 元青花简笔莲瓣纹三头座吊两用灯

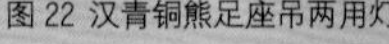

图 22 汉青铜熊足座吊两用灯

图 18　宋元德化窑酱釉座挂两用灯

图 19　宋元酱釉莲花纹座挂两用灯

图 20 清酱釉座挂两用灯

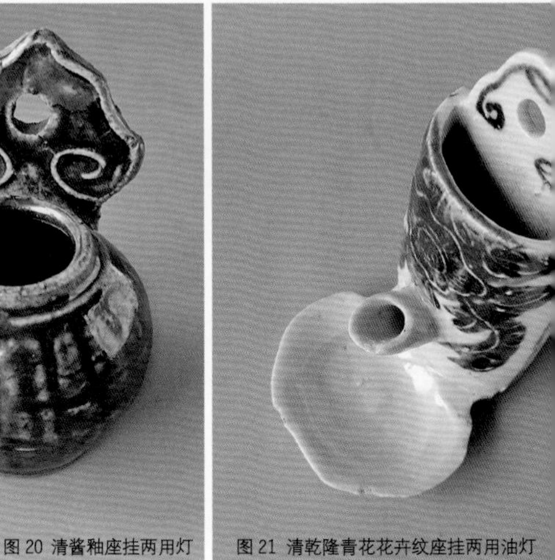

图 21 清乾隆青花花卉纹座挂两用油灯

一灯两用多功能

为了适应不同的使用要求，油灯中出现了一灯两用的现象。这包括座挂两用，座行两用和座吊两用三类多功能油灯。

座挂两用灯是较为常见的。如图 18 中的宋元福建德化窑酱釉座挂两用灯，可放在桌面上，亦可悬挂于墙壁上，高灯远照。宋元时期某北方窑口的酱釉莲花纹座挂两用灯（图 19），清代某北方窑口的酱釉座挂两用灯（图 20），清乾隆青花花卉纹座挂两用油灯（图 21），均属于这一类。

还有一种是座吊两用灯，可座于台面，亦可悬吊与厅堂之上。这类油灯多用于殿堂、客厅、祠堂等公共建筑。这时，为了满足照度要求，提升照明效果，常常会出现一灯多头的现象。

图 22 中的汉代青铜熊足座吊两用灯，三只熊足供放置于台面，而穿过三只孔洞的铁链则可以把油灯高悬，适合于厅堂使用。虽然经过 2000 多年时光，铁链已然锈蚀殆尽，但其痕迹却清晰可见。

这盏元青花简笔莲瓣纹三头座吊两用灯，是不可多得的收藏精品。不仅仅在于元青花的珍贵，而且在于其设计的巧妙，制作的精准，简笔莲瓣纹的优雅，青花发色的浓郁幽菁。（图 23）收藏界对于元青花极尽追捧，梅瓶、大罐动则上亿元的价格，自让人可望而不可求。然而，我以为，元代人也需要点灯照明，作为日常用具的景德镇青花油灯会有生产并留存至今，自然也就是情理之中的了。

最后，还有一种座行两用灯。即整个灯具通常放置在台面上，而上部的灯盘用一个套管套在铸造在朱雀头顶的灯柱上。必要时手端灯盘可移动照明，随时又可以放回灯柱上。图 24 所示这盏汉代青铜龟鹤座行两用灯，铸造精美，造型端庄，具有很高的艺术价值。

可升降烛台

烛台也是灯具的一种，随着蜡烛从西方的引进而流行起来。清晚期出现的白铜烛台，常常是殷实人家喜爱的用具。一种可升降烛台，体现了设计的机巧：随着蜡烛的燃烧变短，蜡烛底座可以升高，使得很短的蜡烛也能燃烧殆尽，从而充分发挥使用效率。

图 25 的烛台的升降固定利用的是簧片原理，而图 26 的烛台则是采用旋转进入卡口来固定蜡烛底座的高度。

图 25 清晚期白铜簧片式可升降烛台
图 26 清晚期白铜卡口式可升降烛台

防风油灯

在有的场合，油灯不允许熄灭，比如放置在灵前或庙堂的长明灯。这时就需要油灯具有防风的功能，这种灯有的地方称之为孔明灯。

图 27 中清嘉庆道光年间青花卷草纹镂空罩灯，是这一类罩灯中最为常见的品种。侧面镂雕直棂窗，顶部开铜钱孔和寿桃孔各一。清末宜兴窑出品的宜钧孔明灯，也要算是当时的名品了。造型端庄大方，釉色沉稳优美（图 28）。

图 29 中的清晚期青花山水纹铜钱孔罩灯和前面两个罩灯一样的功能，但图案自由特色。而图 30 中的清晚期德化窑白釉罩灯和插图 31 中的清晚期青花山水花鸟纹罩灯，因为没有开孔，它们的功能大约就只是供人们用后罩上，保持台面的整洁了。

便携式油灯

图 32 中的清晚期黄铜组合式便携油灯，大约是供书生们赶考途中使用的便携式油灯。放在书箱中随身携带，平时有点像过去自行车的转铃，而打开后螺丝一拧，就成了一个两层的油灯，组装起来即可以夜以继日地攻读圣贤书了。灯盏上的鱼化龙把手，表示预祝书生金榜题名，高中状元探花榜眼吧。

图 33 中的清晚期黄铜组合式便携鸦片烟灯，就不是那么正能量了！花花公子们流连于大烟馆、花柳巷，随身携带自己专用的鸦片烟灯，吞云吐雾，醉生梦死，自然就十分方便了。这盏灯虽然用于一个极其不健康的功能，但是它的设计、制作、噶一和造型却是一流的，当然也就有了一定的收藏和鉴赏价值。

油灯，照亮生活。它们首先是生活器具，但是它们同时也是技艺，体现了“生活－设计－制造”的逻辑。因此，我称之为中国古代的 INDUSTRIAL DESIGN（工业设计）。同时，油灯又不仅是单纯的生活器具，它们寄托了古人高度的审美情趣。今天，它又成为人们喜闻乐见的收藏品。END

图 32 清晚期黄铜组合式便携油灯

图 33 清晚期黄铜组合式便携鸦片烟灯

图 27 清嘉庆道光青花卷草纹镂空罩灯

图 28 清晚期宜钧镂空罩灯

图 29 清青花山水纹铜钱孔罩灯

图 30 清晚德化窑白釉罩灯

图 31 清晚青花山水花鸟纹罩灯

有一个地方只有我们知道——布拉格风格

撰　文｜蒲仪军
摄　影｜刘奚、蒲仪军

当我想以一个词来表达音乐的时候，我找到了维也纳，而当我想以一个词来表达神秘的时候，我只想到了布拉格。

——尼采

布拉格，捷克共和国的首都，她的神秘来源于我们对于她的陌生，这个位于欧洲几何中心的城市不仅因为遥远，而我们的确对她了解甚少；布拉格的神秘也来自她的千面性，因为变化莫测所以神秘，因为复杂丰富所以神秘。

这里是古代建筑艺术的博物馆，这里也是现代建筑的发源地；这里有著名的布拉格之春音乐节，这里也是欧洲爵士乐的发祥地；这里有音乐家斯美塔纳、德沃夏克和雅那切克，还有作家卡夫卡、昆德拉和剧作家及总统哈维尔；这里有好兵帅克，这里还有可爱的鼹鼠；有人说她是千塔之城，有人说她是童话世界……可是你对她了解得越多，却发现她更加难以界定。

布拉格最吸引人的就是她迷人的外观。布拉格老城就是一本900多年的建筑风格进化教科书，这里汇集了从中世纪开始的各种风格：罗马风、哥特式、文艺复兴、巴洛克、洛可可、新古典、新艺术运动、装饰艺术、立体主义、现代主义。这些不同时期及风格的建筑宁静祥和地矗立在一起，丝毫未受到现代世界的打搅。时光在这里也仿佛驻足，在老城区，将1940年的照片和2010年的照片进行叠合对比，80%的地方可以重合。作为首座“世界文化遗产城市”，布拉格绝非浪得虚名。

这个城市的物质和精神象征就是有着近七百年历史、贯穿城市东西的查理大桥，这座石头大桥是这个城市在欧洲位置的缩影，欧洲的这一半和那一半就一直在相互寻找。东方和西方，同一种文化的两个分支，却代表着不同的传统，不同的宗族。除了查理大桥，布拉格有太多的遗产值得参观：老城广场（即布拉格广场）、老市政厅、瓦茨拉夫广场、布拉格城堡、圣维特大教堂、犹太区，博览会宫……可谓不胜枚举。布拉格的城市就像一幅幅的电影图景：外太空飞行物体般的电视塔高耸俯瞰着老城，红色的电车穿行在14世纪建造的火药塔下，老城广场上聚集着观看天文钟报时的游客，查理大桥上拉着风琴的街头艺人，瓦茨拉夫广场边的啤酒馆里欢乐畅饮的人群，这座被誉为世界最美的城市之一的都市，汇聚了人世百态。

1-4 布拉格城市风格（刘奚 摄）

分离派新艺术运动（Art Nouveau）

同维也纳一样，布拉格也是新艺术运动的重镇。捷克的新艺术运动从巴黎得到了最大的动力，并从维也纳分离派中汲取灵感，最终在布拉格发展成一种独立的艺术表达形式。这个城市大量留存的新艺术运动风格的建筑及装饰可以作为见证，在布拉格至少有300幢保存完好的分离派新艺术运动风格的建筑值得你探索：优雅的舞姿、交织的花朵、愤怒的猫头鹰、美丽的孔雀、快乐的伊甸园、少女的雕像，新艺术运动的流行使得20世纪初的布拉格成为世界上最分离的城市："布拉格身披霞光，翠绿色的光环闪闪发光"（雅罗斯拉夫·塞弗尔特）。

布拉格实用艺术学院在巴黎（1900）和圣路易斯（1904）举办的世界博览会的突出表现使得布拉格的装饰艺术风格获得国际好评，利用当地的神话传说元素而发展的表达规则，装饰外立面的陶瓷和灰泥制品开始成为波西米亚所有城镇的新艺术运动的一种特征。

维也纳著名建筑师奥托·瓦格纳的学生扬·柯特罗是影响最广的捷克建筑师之一，他在布拉格最著名的新艺术运动风格的建筑作品是文思莱斯广场上的欧洲大饭店及彼得卡屋。而布拉格新艺术运动建筑的标志性纪念碑—市民会馆则是奥斯瓦尔德·波利弗克和安东尼·巴尔沙内克设计，于1903-1911年间建造，并集结了20世纪初所有捷克著名的艺术家参与建设。这些杰出人士的努力赋予了市政厅特定的历史、文化符号：花卉、旋涡装饰、纪念碑、复杂尖顶设计、彩色玻璃镶嵌……这些汇聚的灵感既源于捷克民族的历史、布拉格的传说、艺术、哲学、科学特征；同时也受到现代元素，例如工业、贸易、交通等的启迪。其中的占地只有95m^2的市长大厅设计为圆形，则由著名的捷克艺术家穆夏请自操刀，他创作了天花板上名为《斯拉夫之团结》的壁画。捷克摩洛维亚人穆夏（Alphonse Mucha）作为蜚声世界的装饰艺术家，他在维也纳完成学习后，移居巴黎，在那里他设计了女演员莎拉·伯恩哈特的海报而一夜成名，他那经典的女性肖像画：她们头发和花环精细地盘绕在脸庞的周围，和背景的装饰或图片框架有机地融合在一起，并开创了一个新的艺术浪潮。

真正的新艺术运动致力于建立人与自然的一种平衡，这些雅致精巧的装饰传递出一种居住的理想，这也许就是布拉格新艺术运动在100年后依然没有失去她的魅力的原因之一吧。

现代主义（Modernism）

作为曾经奥匈帝国的一部分，捷克的建筑工程技术具有非常悠久的历史。1707年，皇帝约瑟夫一世就在布拉格创立欧洲第一个工程学院——工程学院（School of Engineering），开启了捷克近代建筑的篇章。到了1899年，捷克理工学院在著名建筑师奥托·瓦格纳教授的领导下于布尔诺成立，培训了很多来自奥匈帝国的建筑师。20世纪初，捷克的建筑设计在欧洲现代主义运动中显露头角。以年轻的捷克建筑师和理论家卡雷尔·泰格(Karel Teige)为首的“山菊花社团(Devetsil)”，经常组织关于新建筑的研讨会，并邀请W·格罗皮乌斯、勒·柯布西耶、阿道夫·路斯等前卫运动的代表人物来参与讨论，以保持与欧洲前卫运动的紧密联系。

1928年，德意志制造联盟展在斯图加特—魏森霍夫区举办之后第2年，捷克的布尔诺就完成了新型住宅群落的建筑实验。1932年由捷克斯洛伐克制造联盟组织的“布拉格实用功能主义住宅展”（BABA District），对欧洲实用功能主义的发展产生了重要的影响。此外，捷克也保有众多的建筑大师的作品，比如，1930年阿道夫·路斯（捷克布尔诺人）在布拉格设计的米勒（Muiler）住宅和1928年密斯·凡·德·罗在布尔诺设计的图根哈特（Tugendhat）别墅等。而如今，很多建于1930年代的功能主义的建筑在布拉格被改造为新的用途，最著名的就是位于霍拉舍维采的博览会宫（国家美术馆分馆），这间庞大工厂改造成的美术馆收藏着梵高、毕加索、席勒、蒙克等大师的作品。

1977-1983年建成的国家新舞台，紧靠着古典而壮观的国家歌剧院，设计者为卡雷尔·布拉格尔。这是一幢在当时显得非常前卫的玻璃建筑作品，共用4 306块玻璃搭建而成，似乎是在歌颂波西米亚玻璃大师超凡的工艺。在这个敏感的历史地段，建筑师采用了对比的手法，用全新的方法和历史进行了对话。

而位于伏尔塔瓦河边会跳舞的房子（1993-1997）则是美国建筑师弗兰克·盖里和捷克克罗地亚建筑师弗拉多·秘鲁尼克的作品，因其扭曲的外形在整个古典的历史街区中备受争议。这座个性奔放、形式自由的建筑反衬出了周边传统社区的古典韵味，变成了新时代的象征和热门的旅游景点，同时也成为布拉格的一个新地标，表明了结构主义的原创可以被植入历史空间结构和环境中，“场所精神”也就获得了更多的含义。

1.2 新艺术运动

3-5 现代主义

Offices for rent 60 50 83 611

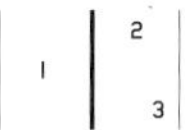

1 现代主义（刘奚 摄）
2.3 苏维埃风格

苏维埃风格（Sino-Soviet Style）

作为原东欧社会主义阵营的一员，捷克在这段时期的建设也不可避免地带有一些苏维埃风格。这些建筑，作为那个年代的印记，在以古典建筑遗产著称的布拉格城区中显得醒目而另类。而事实上，作为具有中欧强大建筑传统的捷克，同时期的苏联与他们相比是“相对落后”的，这也是俄罗斯知识分子在某种程度上接受的观点。苏联阵营内部的双向文化交流，使某些通向苏联文化帝国的道路终点并非莫斯科，而是柏林、华沙和布拉格。但作为意识形态的一种表征，却是苏联的风格影响着这个建筑强国。

苏维埃风格建筑通常有两种形式：一种被称为斯大林哥特式，主要体现在公共建筑上：左右呈中轴对称，平面规矩，主楼高耸，回廊宽缓，突出一种纪念性和历史真实性，充满斯大林主义的意识形态。在捷克，这类建筑最醒目的表征就是混凝土建筑物入口门厅上的工农兵的雕塑，这种社会主义现实主义风格的雕塑还继承了捷克的文化传统，例如展示捷克著名的玻璃工业的工人及其工艺等。这种建筑其中最著名的就是弗朗泰斯科·耶扎贝克设计的布拉格国际酒店（1953-1957），高耸在主体建筑上的五星与莫斯科、华沙及北京遥相呼应，唤起我们对那个时代的记忆。

另一种是赫鲁晓夫式，主要体现在住宅上。方盒子式的砌体结构，三至六层公寓楼。在社会主义时期，实用主义和厉行节约成为建筑设计的主题，这种成本低廉的紧凑住宅在当时的社会主义国家非常流行，在整个1970年代，捷克一共造了大约100万套外形简单的社会主义住宅，看到这些建筑，从中国北方工业城市过来的游客肯定有一种是曾相识的亲切感。

如今，这些建筑作为珍贵的遗存，记录着那个特殊时代，有着别样的意义。

舒尔兹在他著名的《场所精神》中精妙地指出，布拉格是少数几个“健康”自然、层次丰富，同时具有内在精神的环境典范之一。的确，布拉格的魅力就在于亲切的尺度，多样性的艺术和神秘的历史。布拉格最奇妙的反差是：你是被她的历史所吸引而来到这里，却又因这里的现在和未来而留恋。布拉格一旦俘获你的心灵，就不再放手。END

伯纳德·屈米——建筑：概念与记号

资料提供 | PSA

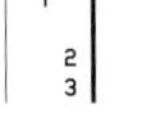

1.2 屈米展厅

3 PSA"电铺"内售有与展览相关的商品

于2016年3月13日起至6月19日，在上海当代艺术博物馆（Power Station of Art）举办世界著名建筑设计师和理论家伯纳德·屈米在中国的首次回顾展。此次展览会围绕屈米作为建筑理论家、建筑师及文化领导者的多重身份，展出近350件图纸、手稿、拼贴画、模型等珍贵资料，其中更有许多作品均为首次公开。

展览"伯纳德·屈米——建筑：概念与记号"探究了屈米的创作成果，而其创作核心则是摒弃那些把建筑同化为搭建静态结构的传统。他将主体及其涉及的社会活动映射到建筑空间，并从这一点出发为建筑提出了一种截然不同的定义。他强调，建筑不能与在其内部发生的事件相互分离，而作为一种结构性工程，它的创造需要一种基于概念的方法。因此，屈米探讨了表述建筑空间的新模式——"记号"——以此对空间、运动与行为之间的互动进行转译。

受1968年五月风暴那股躁动的、充满质疑精神的思潮启发，屈米最初执教于伦敦的建筑联盟学院，并开始了他的理论创作。这些早期创作不仅将后结构主义思想引入建筑理论，还引用了视觉艺术、电影和文学等相邻学科的元素。他的早期项目大多作为理论宣言而设计，并在他70年代中期定居纽约后制作的手稿系列《曼哈顿手稿》中进行了综合。这一研究促成了屈米的里程碑之作——拉维莱特公园，而在这之后的法国国立当代艺术工作室、新卫城博物馆、江诗丹顿总部与制造中心等项目也将概念和美轮美奂的物质化形式进行了有机结合。

在本次展览中，不同时间段内屈米的创作成果将按照时间顺序在五个主题性板块得以展现。这些板块分别为："空间与事件"、"功能设置/并置/叠加"、"向量与围合"、"概念、文脉、内容"、"概念—形式"。本次展览将焦点集中到屈米所坚持的主张，即建筑首先且必须是知识的一种形式，其次才是一门关于形式抑或视觉效果的知识。END

乐家推出 ALBA 色彩按摩浴

冬去春来，气温已悄然上升，路边亦春色渐浓，稍加留心发现，春日特有的明亮色彩正逐步取代冬日单一的冷色调。这种时候，仅仅让视觉享受色彩盛宴总觉得有些缺憾，何不选择来一场色彩缤纷的按摩浴让身体和视觉同时放松？Roca 旗下的 ALBA 浴缸就能做到这一点，柔美的灯光，令人放松的颜色，让水静静地畅游于我们身上的每一寸肌肤，让你仿佛置身于柔和的春色之中。可以调节光暗和色彩的浴缸边灯，营造出不同的泡浴氛围，热烈奔放的绛红犹如芬芳玫瑰，冷峻平静的冷蓝好似春日一望无尽的蓝天，华贵典雅的香槟金还有最能代表春天活力的莹莹绿色，使卫生间洋溢着不同的春色情调，让你身心完全放松，忘却都市的尘嚣，只沉醉在那一汪色彩缤纷的春水中。

非常建筑泛设计展“建筑之名”开幕

“建筑之名”是非常建筑在上海当代艺术博物馆举办的泛设计展。此展览全面展示了非常建筑近期的设计实践以及艺术创作：涵盖建筑、家具、产品、服装、首饰、影像以及出版物七个门类，探讨一种由建筑学的思想方法衍生出的泛设计可能。非常建筑为此次展览打造了全新的设计空间，他们将博物馆东侧首层局部打造成商家比邻的城市街道的写意，吸引更多的人通过“店面”步入博物馆，在设计中心停留，然后走向博物馆纵深。此次展览的展台设计全部由钢板和扁钢组成，七个圆环分别呈现我们七类设计领域近期作品。展览结束后，展架可拆分重组，成为馆内的永久家具。

意大利知名门把手品牌 Valli&Valli-Fusital 携手梁志天先生新品中国首发

2016 年 3 月 16 日， 由 FUYICASA 意品艺居主办的“意大利知名门把手品牌 Valli&Valli-Fusital 携手梁志天先生——新品中国首发仪式暨设计国际化主题研讨会”在上海喜盈门国际建材品牌中心盛大举办。Valli&Valli-Fusital 品牌代表 Mr.Sandro Mangione 与梁志天先生亲临发布会现场，为合作新品首次亮相上海共同揭幕，推出以传统中式门锁为灵感打造的门把手系列。梁志天先生现场详细介绍其设计理念和创作历程，独家揭秘分享了部分设计手稿及成品，并出席“设计国际化”的主题研讨会。

米兰国际家具展 11 月将再次登陆中国

首届 Salone del Mobile.Shanghai 米兰国际家具（上海）展览会将于 2016 年 11 月 19-21 日在上海展览中心正式亮相。众多意大利顶尖品牌将藉此机会集中展示卓越的家具与室内设计、意大利生活方式及文化体验，并进一步揭示全球最新的家具与室内设计领域的潮流与趋势。来自意大利设计界的“大师讲堂”也会来到此次展会，让中国观众对话世界前沿设计师与建筑师，探讨建筑和设计领域的核心问题，提供顶尖解决方案。卫星展也将于同期在上海展览中心举办，该展将为新锐设计师提供一个绝佳的展示平台。组委会届时还将集中展示主办方精心挑选的意大利家具与设计公司、制造商带来的精彩展品。同时会有一场“Made in Italy 意大利制造”为名的专业展览，展现最优异的意大利生活方式。

Steelcase 推出新款产品“BRODY”

Steelcase 公司推出 Brody WorkLounge（私密性办公隔间）新品，这款产品是基于大脑和身体的机理而设计的、首款且唯一可应用于微型环境下的产品。Brody 能帮助人们更快地进入到“流”的状态，而且在该状态停留的时间更久。Brody WorkLounge 营造出蚕茧一样的空间，排除了一切会产生视觉干扰的元素，为在开放环境中或者图书馆中工作或学习的员工和学生提供私密性，以及增强其心理上的安全感。通过有目的性地集成了电源、人体工学和个人物品存放空间以及良好的照明条件，提供了一个舒适的微型环境。

Roca 乐家水基金发起全球公益项目

2016 年 3 月 22 日，西班牙百年卫浴品牌 Roca 乐家联合中国水风险公益组织在乐家上海艺术廊举办以“水与生活”为主题的研讨活动。现场，乐家商务拓展部经理 Fernando de la Cal 分享 2016 年水资源基金会主题“水与就业”并发布 #NoWalking4Water 的全球公益项目，希望能通过日益发达网络社交圈呼吁大家为节水事业奉献力量。同时，中国水风险机构负责人 Dawn McGregor 结合中国环境现状，分享中国的“水与工作”。活动最后，近 20 名行业负责人和专业人士共同探讨水资源保护相关问题。

城市更兴 · 空间再生

伴随罗昂 logon10+ 周年庆典以及“Babel Me（巴别我）”艺术展的落幕，一场汇聚城市、建筑、空间、艺术的“城市更兴•空间再生”主题沙龙于 2016 年 3 月 18 日在上海玻璃博物馆精致开启。与会嘉宾从回归空间本质以及寻求空间进化的维度出发，另辟蹊径地探索城市更新的内涵化发展路径。其中包含重新认知本土文化的无限魅力，以及通过设计、艺术与运营的结合，进行空间功能的再造与激活。来自建筑、室内、艺术、经济等跨领域的专家们以“Babel Me（巴别我）”艺术展所带来的积极介入城市更新的个体精神与艺术感召为动力，带来鲜活并充满感染力的快闪演讲，诉说关于转变与更新的思考以及面对新的地理条件，空间（从大到小、从外到内）之于当下城市转型、社会结构、传统与当代以及生活层面等不同的构想。

格物

OCAT 上海馆本年度首档新展“格物”于 2016 年 3 月 12 日至 5 月 15 日展出。展览由生活和工作于上海的建筑师、学者冯路先生担任策划。这是 OCAT 上海馆时隔一年后再次举办的建筑展，并首次将展览语境设定于国内当代建筑理论及设计领域。2015 年 7 月，由建筑师鲁安东、冯路、窦平平所召集的“格物 - 设计研究工作营”，以南京老城南的花露岗地段为场地，展开了一场关于建筑学理论和设计的田野调查。本次展览以建筑模型、装置、影像、图像和文字等语言形式，对这场直面“物”与空间的工作营进行了淬炼和完善。参展的建筑师 / 艺术家、学者包括丁垚、窦平平、冯江、冯路、郭屹民、李兴钢、鲁安东、唐克扬、张斌、张利、周凌。

殷九龙陶瓷设计美学分享

2016 年 3 月 10 日，知名文化人洪晃、衡山和集创意总监令狐磊、高岭陶艺平台联合创始人顾青与殷九龙一起展开一场关于陶瓷设计美学的分享沙龙。陶瓷作为最具有东方情绪的日常生活器物材料，近年来成为很多本土设计师创作中爱用的素材。来自成都的设计师殷九龙从对陶瓷的热爱出发，以对景德镇陶瓷技艺的考察为原点，利用传统技艺又尊重当下审美，而在色彩与图案上的不断延展与变化，其大胆摩登的姿态，又与传统绝然不同。

China Hand-draw
Art Design
Competition
大赛分类：
1．大赛分设两大组：
（1）成人组（在职设计师或手绘爱好者）（2）学生组（设计专业院校在校学生）
2．每一组参赛作品依据不同的手绘表现目的，分为两类：
（1）设计表现类：该类别主要包括设计师在创作过程中的手绘草图、设计方案及在校学生专业课程中的作业、毕业设计等。
（2）设计写生类：该类别包括建筑、室内、景观及其他类别的写生作品。
以上两组作品表现手法不限。
参赛形式、要求：
参赛的作品采取网盘提交和快递光盘两种方式，只限一种方式提交。
在线提交地址，请关注网站信息内容。请将参赛资料的展板及出版资料按照参赛要求保存到您个人的百度云盘，将参赛作品的文件夹共享。组委会收到网络提交的作品后，会在一周时间短信告知参赛者。
1．填写报名表（如按快递光盘方式提交，需打印出纸质参赛报名表）
2．参赛展板资料：
作品由参赛者在不超过 590mm × 820mm 版心幅面范围内（统一采用竖式构图，300dpi）自行编排，此幅面范围内的画作可为独幅或联幅作品。如联幅作品，最多不得超过4幅，且内容要有连贯性，合计为一件作品。如送交多个项目参评，请将同一项目的展板资料存储在同一文件夹下，文件夹及文件以项目名称命名。
3．出版选集资料：
赛后我们将选择部分优秀参赛作品出版选集，具体提交的作品资料见网站。
2016
中国
手绘艺术
设计大赛
截稿日期
2016.6.15
中国手绘艺术设计大赛
CIID
CIID China Institute of Interior Design
中国建筑学会室内设计分会
主办单位：中国建筑学会室内设计分会
联系人：卢佳忆
电话：010-51196444
地址：北京市海淀区首体南路 20 号国兴家园 4 号楼 2406 室
网站：www.ciid.com.cn　　邮箱：3051652586@qq.com
大赛宗旨：手绘在设计创作中的作用不言而喻。手绘艺术设计大赛旨在推广手绘在设计中的运用，提升手绘表现的艺术性，并为广大设计师、在校学生及业余爱好者提供交流、展示与切磋的平台。本次大赛将通过优秀手绘作品的展示，发掘手绘表现人才，推动手绘在设计中的运用，并促进室内设计健康发展。